努力到无能为力，拼搏到感动自己

陶君豪 著

海峡出版发行集团 THE STRAITS PUBLISHING & DISTRIBUTING GROUP | 鹭江出版社 LUJIANG PUBLISHING HOUSE

2016年·厦门

图书在版编目（CIP）数据

努力到无能为力，拼搏到感动自己 / 陶君豪著 . —厦门：鹭江出版社，2016.7（2016.10 重印）

ISBN 978-7-5459-1174-9

Ⅰ . ①努… Ⅱ . ①陶… Ⅲ . ①成功心理—通俗读物 Ⅳ . ① B848.4-49

中国版本图书馆 CIP 数据核字（2016）第 102155 号

NULIDAO WUNENGWEILI PINBODAO GANDONGZIJI

努力到无能为力，拼搏到感动自己

陶君豪　著

出版发行：海峡出版发行集团
　　　　　鹭　江　出　版　社

地　　址：厦门市湖明路 22 号　　　　**邮政编码**：361004

印　　刷：北京凯达印务有限公司

地　　址：北京市朝阳区黑庄户乡万子营东村　　**邮政编码**：100121

开　　本：889mm×1194mm　1/32

印　　张：8

字　　数：136 千字

版　　次：2016 年 7 月第 1 版　　2016 年 10 月第 2 次印刷

书　　号：ISBN 978-7-5459-1174-9

定　　价：35.00 元

如发现印装质量问题，请寄承印厂调换。

自序
每一个醒着的人都在奋力拼搏

写这本书时，我正好三十岁。

我确信，一个三十岁的人，绝对不可能教大家怎么去拼搏。我甚至认为哪怕再活三十年，到了六十岁的时候，也没有当人生教练的资格。

事实上，我认为根本就没有人生教练这回事。任何形式的说教，都会引起人的反感。

但我异常清晰看见自己三十年的心路历程，有些见闻和感受，想通过文字分享给大家。

我在一个贫穷的村庄出生，从小的见识只有四面的山和清澈的河。直到上了高中，才见到城市的模样。而大学的经历，让我的认知能力和认知范围有了更大的扩展。

我做过策划，也当过老师，也创过业，折腾过，在大都市努力地生存过；现在回了家乡，开始在小城市努力地生活。

几乎写作者都在写自己，这是一种本能。但我尽力克制，不想说自己的人生。

因为我特别清晰地记得，作家余华先生说过：“除了关心自己之外，应该拿出更多的时间去关心别人。对别人的生活越关心，就对自己的生活越清楚。当你满腔热情地去了解别人的生活时，你会更清晰地发现自己的生活是怎么回事。”

所以，我这本书里写的绝大多数都是别人。这些别人，都是我身边的人。

有些人相识很久，有些人只是路过；有些人卓有成就，有些人依然奋斗；有些人成为楷模，有些人就像你我。

不管怎样，细细回想，我似乎都能从他们身上看到一束光：努力；似乎都能从他们身上读到两个字：拼搏。

我曾经的同学，原本吊儿郎当，游手好闲，晃晃悠悠，过天算天。慢慢地，他好像开窍了，对自己人生负责了，开始拼了，而且拼得牛逼闪闪。你知道是什么原因促使他吗？

我曾经的室友，原本年纪轻轻，一无所有，受尽嘲讽，吃尽苦头。慢慢地，他经历失败，跨越坎坷，然后事业有了起色，并且不断突破。你知道是什么方式获得的吗？

我曾经的朋友，原本开着摩的，风雨飘摇，孑然一身，孤独流浪。慢慢地，他竟然在大都市里安了家，买了车子，娶了娘子，生了大胖儿子。你知道是什么力量改变他吗？

我曾经的同事，原本工作稳定，生活优越，衣食无忧，没有烦恼。慢慢地，他把得到的一切都放弃了，选择一个新的完全未知的开始，披荆斩棘。你知道什么声音给了他勇气吗？

我曾经的老板，原本事业辉煌，人生成功，想要什么，就有什么。慢慢地，他把得到的一切归零，重新开创新的事业，攀越更高的人生。你知道什么心态可以做出这样的抉择？

……

我说的都是真实的故事。你总有办法找到他们，确认他们是否存在，以及他们的真实性。这故事里面的真实性，就像你自己的内心。

我一点儿也不想去相信马云的故事。我甚至觉得马云的故事毫无价值。因为他不能让你借鉴，不能让你模仿，只有让你崇拜的功能。因为人是无法学习天才和运气的。

心灵鸡汤也要接地气，老母鸡是自家养的，这样鸡汤喝着才安全和营养。

我对拼搏有五方面的理解：拼搏需要一个爱的起点，拼搏需要一个坚持的过程，拼搏需要一个内心的声音，拼搏需要一个合适的方式，拼搏还需要一个满意的结果。

我把我的理解阐释在我全部的文字里，无论是故事还是道理。我把它们写下来，就是为了让你可以看到。看见故事中的人物，甚至看见自己。

只有睡着了的人，才会真正停止奋斗。因为，每一个醒着的人都在奋力拼搏。

希望你通过这本书，看到拼搏的自己。

目 录 contents

目　录

contents

第一章
将爱注入，拼搏才有意义

第二章
坚持不懈，创造人生奇迹

第三章
倾听内心，切勿浮躁而行

第四章
选择一种适合你的拼搏路径

第五章
拼搏者，不会死于一事无成

努力到无能为力，拼搏到感动自己

壹

第一章
将爱注入，拼搏才有意义

你的拼搏需要一个爱的起点

拼搏只是拼搏，爱只是爱。如果你像一名威严公正的法官，让它们界限分明。那么，很遗憾地告诉你：你的拼搏会缺乏原动力，你的爱也缺乏了足够的力量。拼搏不是拼搏，爱也不再是爱。

我见过很多身边的人，他们的人生原本游手好闲，后来却忙碌充实；原本庸庸碌碌，后来却卓越出众；原来平淡无奇，最后竟充满传奇色彩。

起初如你，这一切，让我太深感意外；最后依我，寻找线索，得到答案，并不惊讶。因为他们都有过一段这样的日子：努力到无能为力，拼搏到感动自己。

我还不想急于去探究他们拼搏的模样。我更好奇的是，他们是什么时候开始，在自己身上按下了“拼搏”的按钮。是什么，让他们决定此生必须用力一搏。

你很难想象，一个人会在哪个人生阶段，突然想要发力了。也许是二十岁，也许是三十岁，也可能会是四十岁。

或许是生活让你遭遇了突如其来的变故，如果你再不发奋，你将愧对身边一直陪伴的家人；或许是缘分让你相逢了一位心动不已的爱人，如果你再不尽力，你将会错失一段美好的感情；或许是人生跨越到了一个新的阶段，为人夫，为人父，如果你再不拼搏，你将不配你新的身份，拥有新的人生。

原来，拼搏的起点，是一个字：爱。

如果心中没有爱，你的拼搏也许迟迟不会启程。你依然是那个流浪的汉子，过着随心所欲的人生。今朝有酒今朝醉，不管明日西北风。有的玩，才是最重要的事。

人生不管得不得意，尽了欢就足矣。哪里想得到要去拼搏？

如果心中没有爱，你的拼搏将很难有长期的坚持。拼搏，不是一分一秒的短期行为，而是有可能会长达几十年甚至耗尽你一生的长期旅程。

在这段旅程中，你抬头向两边观望，人群中居然看不到你所期盼的眼神，你的内心也许会在瞬间变得荒芜。就像泄了气的皮球，怎么可以再一路滚向远处？

缺乏爱的拼搏，更像没有血肉的身躯，没有爱情的婚姻和没有心情的旅行。身躯犹如尸体，婚姻形同坟墓，旅行则更像是一场孤独的游戏，只有自娱自乐，玩到筋疲力尽，都得不到你想要的意义。

所以首先，需要为你的拼搏寻找一个爱的起点。

爱自己。你需要塑造一个更加完美的自己。你只有通过不断地拼搏，才能无限地靠近这个理想的自己。

爱她。那个让你心动让你欢喜的姑娘，你拿什么可以照顾和呵护她的一生？你只有通过不断地拼搏，才能给她最好的生活和最大的安全感。

爱父母。让操劳一生的父母，因为你而感到无比的骄傲和欣慰。你得付出你生命的重要部分去创造，去进取，去得到。这样才可以让你父母脸上的笑容和身心的愉悦，全部都来自于你的奋斗。

还有很多爱。我说不清什么是爱，就像你也说不清一样。但你分明可以感受到，不是吗?

有了爱的人注视，你在“刀光血影”中才会拼得更加勇猛；有了爱的人关怀，你哪怕彻夜不眠都会毫不困顿；有了爱的人期待，你哪怕遭遇万难都能迎头向上。

爱，是一种神奇的力量。没有爱，你很难踏上征程；没有爱，你会一路孤单。没有爱，你就不会去拼搏。

为你爱的人，拼尽你全部

有一种拼搏——

它仅仅需要给自己一个简单的理由，这个理由来自于你爱的人，比如你的父亲或母亲。你可以用自己的力量为父母做一些什么。很多人因为这种理由开启的拼搏，都能很快拼出结果，越拼越勇，最终拼出意想不到的人生高度。

自从认识张浩以来，张浩就一直是我学习的楷模。他看上去很普通，你也说不清他到底哪里神奇。但是不可否认的是，他身上就有一种神奇的力量吸引人。当然认识他是好多年前的事情，现在一晃六七年，他的身价翻了不知道多少倍，仰慕崇拜他，以他为榜样鞭策自己的年轻人已经成几何倍数增加了，我也变成了其中毫不起眼的一份子。

很多人以为成功、有钱，才能够吸引更多人的目光，受到更多人的尊敬，其实这完全是荒谬之谈。财富虽然有足够动人的力量，但是真正重要的是，一个人在创造财富过程中，内心的成长成熟，这种积淀下来的精神财富，才是感染人的强大力量。而张浩就是这样一个富有人格魅力，拥有强大精神力量的人。他这个人本身就成了一本精彩的励志书。

当时张浩正在为他的企业策划编辑一本书，找我帮忙撰写其中的一个章节，于是我们有了会面交谈的机会。我记得与他总共单独吃过两顿饭。一顿吃的是简单的午餐套餐，把要做的事情匆匆交代了一下，第二次是我把交代的任务完成之后在一个餐厅吃的晚餐，由于这次比较放松，所以我才有机会听到了他的故事。

以后不管走到哪里，遇到什么事情，我都会自然而然地想起他，想起他那个故事，便感觉给自己灌了一剂强力鸡汤，浑身上下充满了力量，激励我努力奋斗。我在想，假如你听了这个故事，也会像我一样，充满动力。

他在顺利考上研究生，并且读了没多少日子之后，突然内心感觉到一阵凄凉和悲哀。因为在那个长假，他回到老家时，发现父亲两鬓已经多出了许多白发，比以前苍老了很多。父亲为了抚养自己操心了一辈子，而自己堂堂二十多岁的男儿，却还在用着家里的钱继续读书生活，简直一无是处，他瞬间有了一种强烈的羞愧感。

张浩的爸爸是一个小学老师，每天骑电动车上下班。冬天特别寒冷，父亲那双冻红的双手，不免让人看得心痛。人在经历很多事情之后会逐渐变得成熟起来，成熟看似是一个渐变的过程，但其实，男孩的成熟往往是突然完成的。所以在那个心疼的时刻，他便一下子成熟了。

回到学校之后，晚上睡觉的时候，想起家，想起在家父母，再想想自己，张浩就冲动地做了一个决定——在老爸退休之前买辆车送给他。有了想法后，张浩突然紧张，因为老爸快退休了，而他还没毕业。于是他马上产生第二个想法——要赚钱，一定要挣十万元。当时他恰好在看卡耐基的《成功学》，有点疯狂，就拿了张纸打印了“十万”两个大字贴在墙上。

但到底干什么能挣十万？那时候他能做的只有家教。张浩算了下账，当时做家教是两小时五十元，也就是一个晚上五十元。所以他决定每周做六次晚上家教，这样算下来总共有三百元的收入。到了周六和周日，每天做四份家教，这样一个周收入四百元。一个月四周，不到三千元，一年下来满打满算连四万不到。

可他的目标是十万啊，离目标还差得很远。该怎么办呢？他马上转念一想：有没有可能两小时收一百元？他马上想到了方法：

他可以先找一份家教，做出成绩后，拿这个做案例，再涨价。张浩最初通过中介给一个初二的男孩做家教，带了他一年后，他中考时候从全年级三百六十名中的倒数第五十名，考到全校第二，考到了当地最好的高中。

之后，那个孩子的父母主动帮他介绍一百元的家教，也就是自然而然的事情了。后来就有越来越多的人找到他，希望他可以教自己的孩子。所以几个月后，张浩的业余时间就全部排满了。但是，这样每天同样的内容要一遍一遍地讲，整天没日没夜地上课，张浩觉得身心疲惫。于是他就对孩子父母讲：周末的时候你把孩子送到大学校园里来，让孩子感受下大学里面的人文氛围。家长当然欣然同意，这样他就在大学里找了个小教室，然后同年龄段的孩子放在一起教。就这么做一直做到暑假前。暑假他开了两个班，招了二十多个学生，挣了一万八千多元。在那个时候这是一笔相当可观的数字。

张浩说，每次做家教拿到钱都会全部存到学校对面的银行里，每次特别开心的就是看存折上最后的那个数字。有时候为了凑一个整数，会把口袋的零钱全搭进去。暑假后开学的时候他开了四个班。那年的十一月，他存最后一笔钱进去的时候，刚好整十万。

将心注入，你的拼搏才有趣、有料、有成果。随心而动，你的坚持才有血、有肉、有内涵。拼搏路上，别丢了“心”。

他把钱从银行卡里全部取出来之后，就毫不犹豫地去买了一辆北京现代送给爸爸，这让他爸爸感动流泪。一直到现在，张浩的爸爸都是他们小学唯一一个开着轿车从乡下去上课的老师，那部北京现代每天都会停在学校操场上。

张浩是完全笑着说完自己的故事的，而我却几乎是含着眼泪听完。有人说，曾经让你痛苦不堪的事情，终有一天你会笑着把它说出来。张浩的话语里完全没有讲述一个苦字，但我却分明能体会出那份拼搏的艰辛与不易，要不然当时的我为什么会满含泪水，感动不已。

当时为十万块钱耗尽心血的张浩，将这种拼劲纳入了他今后的人生，随后创立公司，团队成员超过千人，早在几年前他就已经身价过亿了。但是他最初拼搏的动力却非常感人，也非常简单，就是挣钱为年迈苍老的父亲买一辆汽车。

我们很多人终将会浑浑噩噩度过此生，大多数的时候，并不是我们不想付出代价，为我们人生奋力拼搏一把。而是我们始终找不到拼搏的动力。我们的家庭条件优越，我们的父母收入不错，我们的生活衣食无忧，我们为什么要把自己弄得那么辛苦？也许温室里成长的花朵终究体味不了拼搏的滋味，这样的人生也就多了一份成长的遗憾。

我身边有很多因类似的一个念头开启拼搏道路的。就像我大学时候的一位师兄，他来自单亲家庭，父亲早年过世，家里只有母亲一人孤单生活。他一直有一个心愿，就是要在自己所在的城市买下一套自己的房子，把老家的母亲接过来一起住。他于是就拼命挣钱，大学毕业没两年，就实现了自己的愿望。现在人生事业都非常精彩。

很多人，原先都一样是“人”，后来都渐渐拼成了“人物”。而这种转变的理由也都出其地简单而一致，就是突然有一天心疼自己的父母，想为自己的父母做一点什么。你有的时候不得不承认，这有一种神奇的力量。一旦由这样的方式开启人生的奋斗历程，最后都以圆满收场。或许对父母的感恩之心，也可以感动上苍。

所以有一种拼搏，它仅仅只需要给自己一个简单的理由，这个理由就是用自己的力量为父母做一些什么。不管是为父亲买一辆车，或者为母亲购一套房，还是改善家里的生活条件，哪怕就是让父母能穿上一件奢侈的衣服。很多人为这种理由开启的拼搏，都能很快拼出结果，越拼越勇，最终拼出意想不到的人生高度。

不计成本地付出，一点也不傻

有一种拼搏——

是爱情中的拼搏。无论是爱情还是事业，不计成本，毫无保留。只需用心付出，你可以忘掉你的全部。“只需施予，自有轮回”，一直付出，然后等待时间的回报。相信回报会来，而且一定会来。

按照早个十几二十年的标准，三十来岁年纪的人大概早已当上了爸爸妈妈，孩子恐怕都早已经学会打酱油了。但是现在你去看，好多二十七八，三十好几的人，都还把自己当作小孩子一样看待，他们迄今仍是“单身贵族”，尚不知道何时能够告别这样的称号。

如今这个社会存在着大量的剩男剩女，究竟为什么找不到合适的另一半？生活，尤其是爱情不能将就，但是我想，或许在很多人寻找的过程中，更多的是权衡利弊，相互总要图对方一点什么，最后圆满地实现“等价交换”，才有了让人满意的婚姻。似乎年纪越大，就越不容易去不计成本、毫无保留地付出。

所谓拼搏，无论是爱一个人，还是做一件事，第一要义便是学会“毫无保留”。毫无保留地付出，哪怕输光身上的一切，不要给自己留任何的退路。因为有退路的人，在他遇到阻碍的时候，永远会想着回头，想着放弃；而不给自己留退路的人，只能豁出一切往前闯，反而更加容易获取成功。

晓峰是我当年的同事，也是我的好朋友。我们工作有交集，平时也经常在一起玩。所以对于他的感情状况也挺了解的。那时，晓峰已经跟女朋友在一起两年多了，并且格外精心呵护他女朋友。

记得有一段时间，晓峰从我们身边消失了整整三天，电话也不通。后来才知道，她女朋友感冒发烧生病了，也不是什么特别重大的病情，嘱托她多喝点水按时吃药就好了。但是晓峰不是，他知道消息后，特意请了假，连夜从上海坐了九个小时的火车赶到江西，一直在她身边煮饭熬粥洗衣服，悉心照顾了三天，才安心赶回来上班。

这种用行动证明的真爱，当时差点把我们几个兄弟都要感动得要哭出来。我们以为她女朋友一定沉鱼落雁，闭月羞花。后来她女朋友调到上海来工作，我们终于有幸见到了真人，发现真是美若天仙，晓峰跟她走在一起简直就是“鲜花插在牛粪上”。晓峰说，我自己现在一无所有，人家女孩子愿意跟我在一起就是信任我，我只有全身心对她好，才是不辜负她。我们问，要是姑娘最终没跟你在一起呢，你不是很亏？他倒是挠挠头说，爱，哪里要去想这么多啊。

“爱，只需施予，自有轮回。”这句颇有哲理韵味的话，成为了我很长一段时间的QQ签名，也变成了我人生的座右铭。而这句话就是出自晓峰之口，他也用他的故事完美地诠释了这句经典的格言。他当时做的那件事情，我们几乎所有人都不理解，但后来仔细回味，他的智慧在这句话里已经讲得非常深刻而透彻了。

那年冬天，他在公司工作了两年，有了一点积蓄，就拿出所有钱，买了一辆十几万的代步车，送给她的女朋友。他说，那么大冷天的，还要那么辛苦地去挤公交挤地铁，看着都心疼。自己虽然能力有限，但是总想给她最好的。汽车的行驶证上写的正是他女朋友的名字。我们当时开他玩笑，要是你女朋友被哪个帅哥拐跑了，你这是钱财两空啊。他傻傻地笑着说，肯定不会的。然后就补充说，但也值得。我想如果他那时的钱能够买一套房子，他也会写上他女朋友的名字的。

在生活中，晓峰对她女朋友毫无保留的好，我们有许多可以看得到，比如有一次我们几个聚餐，到了晚上九点他就一定要回去了，因为不想留她一个人在家孤单。还有一次，在回家路上的街边小摊买了个小娃娃，说带回去她肯定喜欢。当然我相信还有更多的，只是我们没有看到罢了。

晓峰女朋友的妈妈一直不喜欢晓峰，觉得晓峰家里穷，按照她女儿的条件完全可以找一个更好的男人。几次三番都催她回家去相亲，但是她都一直敷衍了事置之不理。最后不得已，从家里面偷出了户口本，悄悄地跟晓峰登记结了婚，来了一个“先斩后奏”。妈妈拗不过女儿，最后也只能顺水推舟，接受了晓峰，因为每一个妈妈都希望自己的女儿幸福。

晓峰对他女朋友一心只是痴痴地好，傻傻地爱。虽然不曾有那种“一辆汽车开来要撞到女朋友，然后把女友推开，自己却车祸重伤”电视剧里的狗血剧情。但在现实生活中，晓峰确实非常细心又体贴，愿意把自己所有最好的都给对方。

有时候，这种爱，都胜过了爱自己。而且这种爱看上去，一爱千年，永不变质。我问过晓峰，你对自己都从来没有这么好，你到底图的什么？他很惊讶，说，爱了就是爱了，还要图什么的吗？在他的简单纯粹面前，我有点无地自容。

真被他给说对了。“爱，只需施予，自有轮回。”其实，女人心底深处最需要的，是一个男人对她的深爱。没有女人抵抗得住深爱。晓峰女友在妈妈的逼迫威胁之下，还是毅然决然地要嫁给晓峰，这看上去是回报，其实是爱的轮回。

他们俩结了婚之后，按照老婆的意愿，依然生活在大上海。上海的房价高得离谱，晓峰没有实力买得起。所以，他们一直在上海租房子生活。后来为了节省钱，还把隔壁一间租给一个女生住，这样就可以分担房租了。丈母娘心疼自家女儿，但是女儿却觉得房子，无论是租还是买，都是一样住。有一个肯这么为自己付出的老公，才是家。

因为，老婆突然说想要吃草莓了，他就会蹭蹭蹭跑下楼去买；老婆说想吃虾了，他就做上最拿手的油焖大虾；老婆有求，老公必应。幸不幸福，自己最懂。

人们总会说，现在的女生贪图物质，爱慕虚荣。找个结婚对象，至少需要对方有房有车有存款，看上去好像嫁的不是对方这个人一样。确实有这样的人存在，但是我想说，大部分的女生不是，他们需要爱，需要毫无保留毫无杂质的爱，当她们真正感受到这样这种爱时，一切的外在物质都是浮云。

所以，需要去爱，不要权衡利弊，不要过多思虑，也不要贪图回报。毫无条件地去施予，毫无保留地去付出。别人可能以为你是傻是愚是蠢，但是时间会告诉你，这才是真正的大智慧。因为，爱这种东西，只需施予，自有轮回。

不只是爱，对于事业的追求，亦是如此。没付出就惦记着回报，或者才付出一点就急切想要回报，你就很难有所作为。去做，把事情做得尽善尽美，用足够长的时间证明你的价值，回报自然会来。

有一种拼搏，就是“只需施予，自有轮回”。无论是爱情还是事业，不计成本，没有保留。除了去用心付出，你甚至可以忘掉全部。一直付出，然后等待时间的回报。相信回报会来，而且一定会来。

你也会心甘情愿地去拼搏

有一种拼搏——

不管你的人生需不需要，有一天它终会悄然来到你的身边。你会心甘情愿地去拼搏，而且一旦拼起来就根本停不下来。这个时刻，每个人或早或晚都会来临。什么时候呢？就是你遇到那个要爱上一生的人。

有些人的人生，就像下了半辈子的雨，得一直拼命奔跑，渴望遇见一个晴天。而有些人，却完全不同，他们的天空从出生就是晴空万里，没有愁云，一切自得其乐，生活衣食无忧，你跟他说拼搏，他觉得你可笑。

我不知道有些人是什么时候开始想要拼一把的，更无法揣测那些人拼搏的动机；我们之所以那么努力，总希望可以达到自己想要的目标；我们之所以肯舍命奋斗，总渴望过上自己想要的生活。假若你想要的东西呼唤一声就有，你渴望的生活当下都可以满足，你还要拼搏个鬼？

从小到大，我就特别羡慕我的同伴金敏。不知道他爸妈是做了军火生意，还是毒品生意，突然有一天家里爆发了，据说是挣到了数不完的钱，够他们用好几辈子。所以，那时候的他，想要什么都能轻松得到，最高档的玩具、最好吃的零食，还有最漂亮的女朋友。

这个家伙，本来成绩还算不错的，但是后来却变得吊儿郎当，对于学习这回事就马马虎虎的了，能混就混过去。那个时候的初中时代多单纯啊，我们好多人，喜欢一个人，就暗暗地喜欢，最多也就被大家嘴上说说，不敢多看一眼，不敢表白，不敢牵手。但是金敏那时候就结交女朋友了，两人公然在校园里牵手，据说还亲上嘴了，如果不喜欢了，就立马换另一个。

这完全是一个富家子弟的败坏形象啊，视女生为玩物，视感情为儿戏。或许那个时候还谈不上说真正的感情，就是好玩。“有钱就是任性”这话是后来才逐渐流行起来的，不过真是换在任何一个时期都适用。

老师说，金敏，你这么聪明，要是努力一点，把精力放在读书上，以后一定会飞黄腾达啊。他表面上乖巧应承，连声说，老师放心，我一定听您教诲，好好读书。私底下却跟我们一帮小伙伴们说，傻逼一个，我爸有的是钱，读好书，为了啥。

中考的时候，差了十几分，因为他爸有钱，花了几万块钱，还是把他送进了重点高中。跟我分在了一个班级，一个寝室。高中学校管得严，大多数人都是老老实实地读书做人，但是金敏不是，他好像更加变本加厉，“玩物丧志”起来。

晚上宿舍熄灯，老师要来查岗，我们所有人都乖乖的，金敏也假装很乖的样子睡觉。但趁夜色更深的时候，他便翻越学校的围墙，跑出去和他的女人约会整整一晚上，到第二天一早天亮了才回来。那个时期，金敏的风流韵事在整个校园都很有名气，他自己也毫不避讳，会在寝室里跟我们讲各种我闻所未闻的“先进事迹”，我对性的最初认知并不来自学校课堂，而是来自金敏的嘴里。直到多年以后，我还一直称金敏为我的“性启蒙导师”。

班主任知道一二后，也拿他没什么办法，只是温和地对他说，我知道你是个感情丰富的人，但是感情也不能太泛滥了，稍微需要克制一下。他回到宿舍之后，模仿班主任说话的语气和语调，重复了这句话给我们听，听得我们直不起腰。

那个时候，我们多拼啊，我们把自己一头扎进书推里，没日没夜地苦读，生怕浪费了时间，蹉跎了人生。我们多么希望通过自己的拼搏，取得一个理想的成绩，考上一个理想的大学，拥有一个理想的工作，然后拥有一个理想的人生。

可是，那时候的金敏，看似晃晃悠悠、无所事事的，但，有钱，有自由，有女朋友，可不就是过着我们拼命想要的理想的人生嘛。既然已经过上，再去拼命获取，不就是多此一举，画蛇添足吗？

高考结束之后，我们班大多数人都上了重点，金敏当然意料之中没考好，原本他想着随便选一个学校去了就行。但是他老爸那个时候坚决不允许，强迫着他去复读。土豪老爸出了钱，托了关系，帮他换了个城市，换了所学校，再读一年高三。一年很快过去，据说在他老爸的重压之下，还是努力了一把，上了一个三本院校，多花一点钱而已，也是本科。

我们后来去了各自不同的城市，各分东西，也逐渐少了联系。我们很多人很努力很拼，不是我们选择要去拼，而是我们对于人生根本就没有选择权，我们注定得这样去做。但是像金敏这样的人，他们从来到这个世上就可以享受轻松惬意的人生了。我可以想象，他往下的人生更加愉快美好。

多年以后，我们在上海相遇重逢。那次吃饭，我发现他身边多了一个人。原来他已经娶了妻，成了家。他笑笑指着老婆的肚子，说，“这儿还有一个呢。”他的老婆长得并不好看，比起他学生时代的女友们，真的要差得远。他老婆上厕所去，我开他玩笑，要不要告诉你老婆你当初的情事？他倒很坦然地说，老婆都知道，但不在意，现在我只爱她一个。

我后来从他嘴里知道了他们更多的故事。他遇见这个女人之后，就感觉自己像变了一个人似的，不再去乱七八糟的场所，不贪玩，不妄为了，知道了要“好好做人”。

成长有的时候或许真的在一瞬间，在那个瞬间，或许遇到了一件事，也或许碰见了一个人，好像开启了你身上某个开关似的，让你突然成熟。虽然你一直不知道这个瞬间何时会来，但是它终究会来。

父亲不满意他的结婚对象，处心积虑帮他安排了相亲。但金敏不服输，发誓一定要娶这个女人。最后，父亲发了狠，断了给他的经济供给，到了这个时候，他也不投降，依然坚定自己的选择。他去了一家外贸公司上班，靠自己的能力赚钱，一路拼杀，两年时间当上了公司副总，年薪上百万，不拿家里一分钱。

他说，不知道为什么，原来一直不知道拼搏是个什么东西。什么东西家里都有，突然有一天发现，家里的东西也不是自己的，只有自己的努力最真实。突然有一天发现，自己有了拼搏的动力，不狠狠努力一番就不是自己。人就是这么会变，突然一个转折来临，让你一百八十度的转弯，难怪经常听到有人会说，他，变化好大啊。

后来他生了个女儿，女儿很可爱。他告诉我，每天努力奋斗的意义，就是让女儿拥有更加幸福美好的生活；每天最辛苦的时候，看看女儿的照片，想想女儿，就什么都能扛过去；每天下了班，最想做的事情就是赶紧回到家里，陪女儿玩一会，看着她开心地笑。

如果在十多年前的学生时代，我们根本想象不出这个人未来会是现在这个样子。“浪荡公子”会华丽转变成“居家好人”。“到处留情”会突然转变为“情有独钟”，“游手好闲”会转化成“拼搏奋斗”。人生就是这么奇妙，就像“给我一个支点，我能撬动整个地球”一样，人生的拼搏，也需要一个“支点”，这个“支点”是爱。

就是这样一个人，后来居然经常时不时劝我早点找个女人，结个婚，生个孩子。他告诉我，看着身边的女人和孩子，你才会真正找到人生拼搏的意义。

所以，我想有一种拼搏是这个模样：不管你的人生需不需要，有一天它终会悄然来到你的身边，你会心甘情愿地去拼搏，而且一旦拼起来就根本停不下去。这个时刻，每个人或早或晚都会来临。什么时候呢，就是你遇到那个要爱上一生的人。

永不停歇，是一种生命状态

有一种拼搏——

叫永不停歇。它是一种持续一生的生活状态。这种拼搏极其简单，只要不停歇，只要在劳作；但这种拼搏又极其复杂，因为他要贯穿从生到死的一生，一刻不停。

李阿婆已经八十五岁高龄了，这个年纪在我们老家的村子里，排得上名次，已经没有几个人超得过她。李阿婆住我们家隔壁，每次回老家都能见到她，跟她打声招呼，她都会跑上前来，亲切地握住我的手，问这问那问一番。

每次见她，她都给我一种身子骨格外健朗的感觉。李阿婆从十几岁嫁到这个村庄以来，如做牛做马般劳作，把四个儿子两个女儿抚养长大，可谓操劳一生，照理说，到了这个年龄，肯定积劳成疾，一身病痛。可奇怪的是，她身体健健康康，身上几乎没啥毛病。

现如今，孙子辈的人都个个有了出息，早已成家立业，元孙子都抱上了，完全可以颐养天年，坐享天福了。儿孙们天天叫嚷着去城里自己家住，她说啥也不乐意去；现在农村条件改善，很多老年人就去老年活动室消遣，她似乎一点都不敢兴趣。她劳作大半辈子，似乎已经不能停下，按她自己的话说，就是一旦停下来，就感觉身体像要出问题。

所以，她现在做的事情与他四五十年前年轻时候做的事情，毫无两样。种菜、种田、养鸡、养猪，各种农村里的农事活，没有她阿婆不做的。村里有什么大事，还偶尔要腾出时间去“兼职”，念个阿弥陀佛，挣点外快。

李阿婆从来没有读过书，大字不识一个，她肯定写不出“拼搏”这两个字，也没法去理解拼搏两个字的含义，如果我跟她坐下来说聊一聊她这拼搏的一生，恐怕不仅你要笑出声来，阿婆自己也得笑个不停回答我，我这大半辈子没出过这个村子的老太婆，也没干过什么惊天动地的事情，哪里来的拼搏？

但是你绝对不能否认，李阿婆这一生就是努力拼搏的一生。她没有文化，没有本事，她嫁到这个村子来一晃就将近七十年，七十年里，她就光干农活了。但是，这农活一干，就是七十年啊，而且现在八十五岁高龄了还没有放下；这农活一干，养活了多少人，又培养了多少人。

所以有一种拼搏，看上去跟“拼搏”好像毫不搭边，但连起来看，这一生就是拼搏的象征。年轻时候，养活家庭，培养子女；年老时候，身强力壮，宽慰儿女。这种无形的拼搏，是整个家族的福气，并将持续兴旺整个家族的命运。

去年夏天我回老家呆两天，当时正逢稻谷收割季节，村里不少人都在忙碌着，我在忙碌的人群中看到了李阿婆。她卷着裤脚正在田间劳作，太阳猛烈地洒在她身上，汗水滴滴答答地不停在身上流淌，但是“身手”却丝毫不输于任何旁人，快速推进，年纪是苍老了，但是年轻时的拼搏痕迹明显存留。

正是正午时分，一担看上去不止一百斤重的稻谷抗在李阿婆肩上，说她健步如飞、身轻如燕，或许显得有些夸张，但是脚步依然矫健，走上很长一段路，才停下来歇一歇，而且几乎不带喘气的。若是换成我，虽然比起她更年轻，看起来更有力气，扛上这两箩筐谷子，得走两步歇一歇，且气喘吁吁了。

中午，李阿婆也许想着反正是一个人，就用电饭锅煮了米饭，

很多时候，我们的拼搏历程以不了了之告终。不了了之是最可怕的，也是最不负责任的。没有任何结果的拼搏，就是白费力气。

一碗干菜汤，两块霉豆腐，拿着一只大碗坐在家门口大口大口地吃，一会儿工夫，一碗白米饭下肚，又跑回屋子里去装了一碗，满满大碗白米饭，吃得饱饱的，浑身上下又充满力气，下午又可以继续去干活了。

我当时心中挺疑惑的，梅干菜、霉豆腐，这是多么没有营养的东西，怎么吃得下去？老年人更应该补充营养啊，不多补补营养，怎么健康长寿？但是李阿婆的儿孙们送来的补品都被她搁置了，或者转手送人了。

我想，她的这种“拼”，其实是一种极其单纯的拼，拼完了力气，吃什么都香；拼完了力气，睡哪里都着。干得拼命，吃得香，睡得早，于是身体一直很好。不像有些城里人，一天到晚坐在办公室动也不动，吃得山珍海味大鱼大肉，吃出了高血脂高血压；睡得席梦思高级床，却精神抑郁睡不着。

那天的观察，让我感觉很吃惊，因为这么拼我肯定拼不过她。老爸说，不要说你从来不干农活的人，我都没法跟她比，村里人能跟她比的人都不多。八十多的人了，平日里每天起早贪黑，又是挑粪浇灌，又是养鸡养鸭，别人家快吃晚饭了，她还要再上山去捡会柴火，回来七八点早已经过了饭点，我爸形容李阿婆比公司总裁还忙，比国家总理还拼。

万万不是孩子们不孝顺，孩子们都是能干的人，也都是孝顺的人。他们想尽法子想着让李阿婆过上享福的日子。但是知道阿婆的脾气秉性，也深知她的浑身力气，最终儿孙们都敌不过她的执拗，干脆什么都依着她。也慢慢想通了：让阿婆不闲下来，让阿婆能持续不停地劳作，就是对她最大的孝顺。

身体好真是一种最大的财富。我爸告诉我，凡是种了点青菜萝卜成熟了，养了点鸡鸭长大了，阿婆总是一个人带着它们，爬上一辆公交车就跑去给城里儿子孙子带去，那走起路来的样子，完全没有失却她当年的风采。小辈们劝说她年纪大了，不要再随便乱跑，自己开车来拿。也不知道是她真的耳朵背，还是把话当成了耳旁风，完全自顾自地，好像也没出什么事情，反而越来越有活力。

一旦到了过年时节，儿孙们都会塞给李阿婆各种红包，照理，这些钱阿婆都可以拿来给自己买点喜欢的东西，但是她都偷偷藏起来，关键时候要给孩子们帮一把忙，很多时候还要倒贴上自己“兼职”赚来的钱。

阿婆有一本存折，有一次她拿来给我看，问我哪几张到期了，她要拿出来有用。我把存折里的钱加起来数了数，还真不少啊。原来那段时间，她最小的孙子要结婚买房了，她得知这个消息之后，就打算自己也要贡献一份力量，尽管孩子们从来都没有要求过，也完全有能力承受，但她一旦拿出了的钱，就再也没有人能把它送回去。

阿婆从十多岁的时候就开始用她的力气在拼，一直到了八十多岁的高龄还在用力气在拼，或许等到有一天，她断了气，离开了人世，才会真正去"享受"吧。她拼尽一生，而唯一武器或许只有她身上的力气，但穿透力气背后的，却是一种最朴素的智慧。她为之拼搏的不只是她自己的人生，或许她早已把自己置之度外，她全部的动力是对她家里人的爱。

老人家这样的拼搏，也是带来了无穷的益处：她自己的身体健康就得意于这样的生活状态，城里人为了健康，还得每晚每晚地去跳个广场舞，而阿婆每日不停息地劳作，就是她自创的一种"广场舞"，更重要的是，她一生的奋力拼搏，本身已经成为了一本厚厚的励志书，给整个家族注入了一种力量。一种可以继承的财富，会带动整个家族的兴旺。

有一种拼搏，就是像李阿婆这样的拼搏，是刻进骨子的勤奋，

是不具意识的智慧，是

一种持续一生的生活状态。这种拼搏极其简单，只要不停歇，只要在劳作；但这种拼搏又极其复杂，因为他要贯穿从生到死的一生，一刻不停。

全部清零，重新再奋斗一次

有一种拼搏——

是关键时刻能够重新做一次选择，将自己之前拼的成果全部清零，重新让自己再蜕一层皮，重新再奋斗一次。舍弃小我的追求，为了身边所爱之人，用感恩的心态去回报。你的所得将远远超出你所求。

大多数的时候，我们的老师或者长辈会告诉我们，要趁年轻为自己的人生拼搏。但是具体应该怎么拼，才能够拼出一个精彩的人生，却没有人可以给我们指明道路。如果真有人出来指指点点，我们心里恐怕反倒会有所反感，因为说到底，每个人都是自己人生的主角。

人性的弱点之一就是自私。利己而不损人也是无可厚非的。我们之所以用尽力气，不就是让自己活得更好。但是有时，放弃为自己个人的考虑，为身边所爱的人，做出一种新的选择，重新努力一次，也不失为一种崇高的拼搏。

阳旭是我大学时候的朋友，但跟我不是同一个专业，他读的是机械制造专业。这个专业是我们学校最牛的专业，虽然学校离清华大学差的好远，但是单从专业的角度来说，跟清华还是可以相提并论的。所以说，机械制造专业的学生还没等到毕业，就会早早地被一些大企业签走。这样说起来，我们中文系读书的时候幸福感最强，一旦到了毕业找工作时，确实是最惨不忍睹的。

我之所以认识阳旭，是因为阳旭把我们中文系的最美的一朵花给拐走了。这朵最美的花叫阳帆。当时，堪称我们中文系的系花，受到众多中文系男生的青睐和追求，其实我们班也不乏帅气又有才情的人，可是不管谁使劲多大的力气，她就是谁也看不上。倒是机械系的阳旭不费吹灰之力，就轻松抱得美人归。爱情有的时候就是个泼妇，一点都不跟你讲道理。

两人好上了，倒也是好事。这样，我们班很多男生就可以死心，也明白不能在一棵树上吊死的道理了。阳旭出身农村，家里还有一个上学的弟弟，所以家境不是很宽裕，平时生活费都是靠轻工俭学挣来的，生活过得非常节俭；倒是阳帆父母都是教师，家境不错。所以，我们经常看到阳帆出手大方，常常掏钱给阳旭买这买那……但也只有偷偷羡慕的份。

时光飞逝，大学四年也就是眼睛一睁一闭的工夫，转眼间就快到了毕业季。很多人曾说，大学时期的爱情单纯美好，但也有人说，毕业就等于分手。而阳旭和阳帆两个人似乎对那种粗暴的“分手定律”不屑一顾，他们坚信他们的爱情会开出最美的花朵。

这个季节，其实每个人都会不由自主地忙碌起来，为自己的前程奔波。阳旭因为平时每次专业成绩都毫不例外前三，读的又是一个竞争力如此强的专业，所以还没拿到毕业证书，就被北京一家大的汽车公司签约了，等待他的将是美好前程。阳帆自然也向往北京大城市的生活，所以一直不停地向北京的公司投递简历，寻找机会。她相信，她们会在北京生根发芽，就像他们的爱情。

但是，老天爷总是爱跟人开玩笑。在他们翘首企盼幸福生活的时候，不幸降临在了阳帆身上。一个消息传来，阳帆的父亲遭遇了一场重大车祸，在车祸中失去了双脚，从此以后，将坐在轮椅上度过余生。这个突如其来的灾难，对于阳帆无疑是一个重大打击。

她知道阳旭是一个很有发展潜力的人，未来的前途一片光明。她不想影响和耽误阳旭。在多少个痛苦流泪之后，阳帆做出了一个决定：放弃爱情，放弃原来的计划，回到老家，回到父母身边。一定没有人知道阳帆做这个决定时心里有多么痛苦，除了阳旭。

我不知道面对这样的状况，如果你是故事里那个阳旭，你会做出怎样的选择。也许有人会说：好男儿志在四方，不应该被儿女私情所牵绊，作为一个想有所作为的男人，就应该努力为自己的人生拼出一条路来，通过努力让自己在北京站稳脚跟，赢得一席之地，该有的一切都会有；也有人会说：爱情是无价的，大学里这样纯净的爱情一旦失去，未来将没有机会重拾，而且在女孩面临危难的时刻，作为一个有担当的男生，就应该陪在女朋友的身边，给她更好的照顾和关怀，真正有才华和能力的人，在哪里都一样可以施展抱负。

当时的情形是，在他们那个老家，根本就没有一家像样的与机械相关的企业。也就是说，他要是回了老家，他这个强有力的专业将变得一无是处。而当时的时间点，他最应该做的是，是在北京这家企业的实习中好好表现，给领导留下好印象，给未来做个好铺垫。这才是一个勇敢拼搏的人应该做的事。但是，他没有。他偷偷地毁了约，没有告诉阳帆。

他心中有了另外一个打算：考老家的公务员。他曾经想过出国深造，也考虑过读本校研究生，但考公务员，这确实是一件在他二十多年人生里从来不曾考虑过的事情。但是这次，他不仅只是考虑，而且还特别迅速地报名，并开始认真地复习，因为离考试还不到两个月的时间了。

当时正逢考公务员热，他所报的职位专业不限，所以只招 1 个人，却有将近 200 人报名。再加上他之前所有的储备与准备并不在这上面，所以虽然是小城市的公务员，但要顺利考上难度还是不小的。

他买来参考资料和试卷，开始了没日没夜的另一种“拼搏”。每一天就是把自己关在一间黑暗的小屋子里，除了吃饭和上厕所，就是在看书和做题。他给自己做了严格的计划：那一整套必须认真看三遍；每天必须按时间做完两套试题。他的这种拼搏没有任何绚丽的色彩，他的这种拼搏也没有多少豪情壮志和豪言壮语，有的只是单调与重复，苛刻与安静。两个月后，他蜕了一层皮，却换来总排名第一的好成绩，顺利拿到了职位。

他毕业后回到了那座生养他的小城，在当地政府部门开始了新的工作，他之前从未想象过的工作。当然，他们的爱情还在，他们可以一直守在父母身边。当她知道阳旭默默做的这些之后，感动得无话可说。他们的爱情很快有了结果，毕业的第二年，他们就顺利地走进了婚姻的殿堂。爱情的结晶也顺利来到，他们的宝宝健康出生、成长，一家人生活幸福。

我去年去看他们的时候，他们的第二个宝宝也来到了人间，而且因为他突出的工作表现，得到了市政府的嘉奖，他的专业技能也可以更好地派上用场，服务当地人民了。

如果他当时去了北京那家签约的汽车公司，也许他会更加精彩和成功。经过几年的历练和成长之后，他会在大的集团公司里晋升更好的职位，拿到更好的年薪，做出更大的成就，活出更加光鲜亮丽的自己。但也许他将不会再遇见这么美好单纯的姑娘，也许他将不会拥有幸福感那么强烈的生活，也许他的身体可能更快地衰老和病化……人生，从来就没有假设，所以也就没有那么多的也许。

有的时候，我们很难定义什么是成功。有人用赚的钱多少来定义人生成功与否，有的人用社会贡献度高低来衡量是否成功，当然也有人会用幸福感来评定成功。在大城市光鲜亮丽是成功，在小城市生活安康就不是成功了吗？什么算成功，其实在你心里。

有的时候，我们也很难说清什么叫拼搏。有的人拼尽一生，却拼错了方向，或者根本没有听自己的声音，到头来却听得一片骂声，自己也后悔过此一生。而有的人，关键时刻奋力一搏，为了身边所爱之人，幸福感跟随你一生。那个拼搏的时刻，值得终生感谢与铭记。

拼搏，请勿咬紧牙关

有一种拼搏——

根本不用去谈什么坚持不懈永不放弃，因为你自然舍不得放下；真正有意义的拼搏，或许根本不用你咬紧牙关皱紧眉头，因为你很享受它给你带来的快乐。

我在上海这样的大城市生活了将近五年，几乎每天都是挤着地铁上下班。看着那些赶地铁而行色匆匆的脚步，看着地铁上那些疲惫困顿的眼神。你有的时候，会不得不承认，这是一群勇敢拼搏的年轻人。假如没有为梦想拼搏的劲儿，干嘛要来受这个苦遭这个罪。

但是，从他们迷离的眼神中，知道他们只不过是在苦苦支撑，过一阵最终还是要回到老家那个角落里。于是，又似乎觉察到他们的忙碌无法找到合适的意义，他们的拼搏也更多的是追随潮流而已。他们会叩问自己的内心，并顺从自己的内心吗？似乎没有。而我也大概是其中之一吧。

当你自以为是的拼搏找不到对应的意义，当你做着看上去很风光的事情却内心并不真正喜欢，你拼搏的全部意义只是为了钢筋水泥铸成的房子和铁皮橡胶制成的汽车，而内心却日渐空洞无物之时。你其实是世上很悲哀的人，不如田里的农民和山间的樵夫。

每当我找不到存在的意义，每当我迷失在黑夜里，一颗黑夜里最闪亮的星星就会在我头顶亮起，我就会想起一个女孩，想起一张脸庞，想起一段往事，想起活着的价值和意义。

我第一次见到这个女孩，大概是在十多年前了，那时候我大一，她读大二，她是我师姐。依稀记得那是一个冬日的午后，在学校的图书馆里，阳光照耀了她明媚的侧脸和她手中那本叶芝的诗集。

我猜你肯定也是中文系的。我打扰了她。她轻轻地放下书，仔细地看了下我，目光清澈如水，她居然一下子说出了我的名字，说是听导师说起过我。这让我有些吃惊。然后又冷不防来了一句：感觉你好像是不是比以前要好看了。我有些不尴不尬。但也领教了所谓诗人的跳跃性思维和神经病气质。

我们的第一次见面看上去确实有些奇怪，但是因为是一个系的，又有着共同的爱好，我们也就很快熟悉了起来。我听别人说，这位就是我们系的女诗人，所见与所闻就是完全一致。亢娟给我的感觉就是，完全不食人间烟火。她并没有活在现实的世界中，而似乎是活在另外一个属于诗歌的王国里。

由于她读诗，又自己写诗，所以有一次我们现当代文学课讲到诗歌部分时，老师就邀请她过来，给我们讲了一节课的诗。不参照任何的教材和教参，也不看任何的资料，就是那么口若悬河滔滔不绝地讲着，兴致高昂时完全能感受到就是一个疯子在呓语，她随时想到哪首诗歌还会信手拈来背上一段。顾城的那首《我是一个任性的孩子》的童话画面现在还时常浮现在我面前，就是因为她那时候的启蒙。一节课下来，我们根本不知道她在胡说八道些什么，好像也没听懂什么。但是却好像都被默默感动了。

这或许就是一个诗人气质所具有的强烈感染力。

我们许多同学上课都是非常认真的，每一节课都不落下，老师在黑板上的每一个字的板书都生怕会漏掉，一定要一字不漏地抄写下来，回去之后呢又反复背诵，以期待学期末的考试能够考出一个高的分数，最终能够拿到校级奖学金，回去给父母们争点脸。这当然也是一种努力奋斗的状态，值得肯定。

但是我似乎觉得亢娟好像并不是这样。她总是时不时会在校园里消失掉一段时间，有的时候是一个星期，有的时候是一个月，甚至还有更长的时间，电话关机，无影无踪，没有人知道她去了哪里，没有任何人能够找得到她。大家都会在校园里纷纷议论，一直到她又回归到校园里。据说有的时候她是跑去山里人家住了一阵子，有的时候心血来潮就跑到大都市打工体验生活……总之，她的生活没有正常的轨迹可循，她的日子似乎是飘忽不定的。

很少有人可以真正读得懂她，有人觉得她精神不正常，有人认为她就是太贪玩，不务正业，还有人背后议论她肯定找不到公司，因为没有公司会要她。我当时跟她接触的并不多，吃过几顿饭，聊过几次天，但似乎能读懂她。不透过她的经历，只透过她的目光。她的目光永远那么清澈，没有杂质，如同诗歌。我知道，她在用他全部的生命铺一条道路，铺一条通往诗歌世界的道路。

我有幸参观过亢娟的宿舍房间，无法用惊讶形容我当时见到时的表情。那张小小的床简直被书给填满了，那些书大多是当代国内外大诗人的诗集，有美国的、法国的、德国的还有北欧国家的……而只留给自己的身体一个很小的空间。或许那些诗歌能够陪伴她更好地入睡吧。

后来毕业后，就很少有联系更少有见面。她出人意料地去读了一个思想政治专业的研究生。没人能够猜透这葫芦里卖的什么药，她一直就是让别人不能懂她，这样她就越可以专心地做她自己。

2010 年春天的时候，我还在杭州，她独自跑来杭州游玩，找过我一回。我陪着她去西湖转了转，拍下了许多美好的照片，还得到了她为照片配的美好诗句。那年，她告诉我她已经结了婚，嫁给了一个画家。而所谓的结婚的全部就单单是领了一张结婚证，没有办酒席，没有通知身边的亲人朋友，甚至没有告诉自己的父母。

我后来开始从事写作，写别人需要的东西，遇到心事的时候找她聊天。我说，现在每天都要写很多字，有时候会感觉身心疲惫，找不到意义，但是为了梦想只能忍了。但是她却很认真地劝我，不要干这么浪费时间的事情，要写你发自内心的文字，要干你真正热爱的事情。不要用梦想这个词欺骗自己。

是啊，我们多少时候累得半死不活，活得毫无自我，却给了自己一个冠冕堂皇的理由，是为了自己的梦想。但是如果我们自己做的事情，连我们自己都感到无聊无趣的时候，梦想或许就是空想。真正的拼搏有时根本不需要你咬紧牙关，而是要你放开心怀，真正顺应内心做你自己。

亢娟不停地写下一首又一首的诗歌，她读过的诗集无数，写下的诗歌也无数，但她从来没有为谁写过什么，更没有为钱写过一个字。他写下那些诗篇，仅仅只是将内心涌动着的波流奔涌出来而已。但是成就就在这样随性的流淌中慢慢浮现。她运营的微信公众号获得了数万粉丝的支持，她有好几首诗歌入选了著名诗人北岛主编的诗刊中，而她的个人诗集也将以众筹的形式很快与大家见面，诗歌界的一颗新星已经出现。

亢娟是我大学时的师姐，也确实是我心目中一位诗人。诗歌在我们这个时代已然不是什么值得追求的东西。写下这些文字也没有矫情地希望大家都去热爱诗歌。你的“诗歌”也许是另外一种事物，任何什么都可以。

但不管你要追求哪一种“诗歌”，你要知道：真正所热爱的事业，或许根本不用去谈什么坚持不懈永不放弃，因为你自然舍不得放下；真正有意义的拼搏，或许根本不用你咬紧牙关皱紧眉头，因为你很享受它给你带来的快乐。找到它，享受它。

向内生长出强大的力量

有一种拼搏——

不是马上行动，踏上征程；而是要积蓄力量，等待时机。让自己向内生长出强大的力量。等到让你自己配得上你的目标时，你自然可以轻松拥有它。

男生大概都喜欢漂亮的女生，要不然为什么最漂亮的女生会被评为班花、校花，受到那么多人的关注与喜爱呢？而如果一个女生既漂亮又有才华性格又好的话，那简直就会被奉为女神了。我们大学校园里曾经就有这样一位女神级的人物，她叫王韵。

如果说为了达到自己想要的目标竭尽全力，算是拼搏的话，那么追求自己喜欢的女孩子，自然也是拼搏的一种了。女神是稀有物种，追求道路上竞争异常激烈，这种拼搏完全不亚于闯荡一番事业呀。有些人是踏不上这条路的，因为他们心里根本就不敢有什么念想，踏上这条道路的有两种人。一种感觉自己配不上，最终很快无奈放弃，另寻目标的；还有一种是脸皮够厚，勇敢表白，死缠烂打不放松，但最终招致女神烦的。而松雨成了第三种人。

王韵是我们学院广播电视和新闻学公认的系花，一头秀丽的长发，非常精致的五官，搭配讲究的服饰，还有美丽亲切的笑容。

她的周围总是有男生围着她转。但是用她自己的话说就是，感觉都像是苍蝇，嗡嗡嗡飞一阵子，最后都不知道去了哪里，那这并不是真正的追求。而且那个时候，王韵心中一直有个梦想就是考上中国传媒大学的研究生，成为一名优秀的主持人，她把心思放在自己学业和专业的追求上，所以也没心思对付情情爱爱的事情。

最终将这位女神成功拿下，“收入囊中”的人，如果放在最初，估计谁也猜不到。因为最终成为王韵老公的人，是号称我们中文系最土的“土人”徐松雨。松雨来自河北省一个小县城，土生土长的农村人，当时刚刚开学初相识那会儿，连说句正常普通话都很困难，颇有新东方创始人俞敏洪刚入北大那时候的“风范”。我印象很深刻的有一次，他在宿舍吃方便面，而方便面旁边就放着三双他刚刚换下的臭袜子。那吃得津津有味的样子，真的永生难忘。

我们507宿舍晚上总是会开卧谈会，卧谈会话题总是离不开女生，而谈到女生总是避免不了说到王韵，说到王韵便一个个都开始展开想象，流起口水，除了松雨，他很少参与这一类的谈话，只是默默地听着，有的时候傻傻地笑一笑。

我们当时垂涎不已的这群家伙，原来总是在宿舍里开开玩笑吹吹牛皮，毕业之后自己就开始捉襟见肘，难以应付，没有精力更没有资格来谈论“女神”；而本科毕业，松雨和王韵一起考上了中国传媒大学的研究生，很快他们居然在一起了。

当时，我们系就有很多男生追求过王韵的，有每天早上给她送早饭每天晚上给她送水果的，有给她写一封又一封饱含深情的情书的，也有制造偶遇，天天想着办法接近她的；也有制造浪漫，点个蜡烛弹个吉他的，但都被王韵拒绝，有的成了陌路人，有的成了好朋友，但没有人能够有幸成为她的恋人。但在当时大家都知道，松雨是没有做过任何追求的行为的。

几年之后我们同学聚会见面时，松雨带着王韵一起来参加。这个时候，他才跟我们说到，他第一眼看到王韵的时候，就觉得这个女孩子特别不一样，很喜欢她，后来默默地知道她的一些事情之后，更加爱得不行。但是他没有贸然去追，他觉得自己配不上王韵。

松雨说，当时的自己突然好像一下子理性起来，也成熟了起来。男孩的蜕变很多时候都是在一瞬间完成的。他在心里把自己和王韵做了一个对比，他觉得凭借现在的自己，要和王韵在一起都是不协调的。他深深地明白了一个道理：要得到想要的某样东西，最可靠的办法就是让自己配得上它。要追求到王韵，当然首先得让自己各个方面都能配得上她。所以，在很长很长的一段时间里，他都按兵不动，静静地让自己以加速度成长。

酒桌上，王韵捶了松雨一拳："当时那么多人追我，你就不怕我就跟人走了吗？"这个时候的松雨已经完全褪去了土气和稚气，他的自信和成熟完全发自内心："我相信，谁也带不走你，除了我。"

他当然不只是说说而已，因为他下了要追求到王韵的决心之后，就做出了巨大的改变。那个读大学的时代，我们都喜欢浪费时间和精力，或者说那时候，我们觉得自己的时间和精力根本不重要，还可以任意挥霍。整夜打牌玩游戏有之，整天睡觉不务正业亦有之。松雨之前跟大家一样，但是后来却完全变了一个人似的。

他一有空就往图书馆跑，也不知道他在看什么书，总是发现他记下一本又一本的厚厚的笔记，学得特别刻苦和卖力；随着时间的蜕变，我们发现他的生活习惯已经和507宿舍的环境格格不入了，他的床位是保持最干净整洁的一个，他的袜子和短裤从来不随意乱丢，总是早早地就收拾洗掉，穿衣也比以前更有品位的。大三那年，他突然决定要考电视编导的研究生，让我们大伙都特别吃惊。

考名校的研究生本身就是件难事，而跨专业考研更是难上加难。但是松雨那会特别能吃苦，大冷的冬天，我们都很难从被窝里起得来，他却五点多就起床去图书馆占座了，并且每天风雪无阻。凭着强大的毅力，他以总成绩第一名的成绩成功考入了中国传媒大学，成为我们专业历史上第一位成功考上的学生。而全校考上的中国传媒大学攻读硕士的全院只有两个：一个是王韵，一个是松雨。

松雨说，后来其实自己也没怎么刻意去追求王韵。只不过因为共同奋斗的经历，加上后来彼此又在共同的环境中，无论是校内学习，还是校外工作，大家经常相互来往相互配合，有很多共同的聊不完的话题。两个人越来越熟络，越来越看得顺眼，就自然而然地来一起了。

他们两个毕业后留在了北京，现在一个做编导，一个做主持，既是工作中默契的搭档，又是生活中相爱的伴侣，让人格外羡慕。

我想，如果当年松雨把所有的时间和精力用来追求王韵会怎样？我几乎可以非常肯定结果。结果一定是追求失败，根本不可能得到爱情，并且荒废掉自己的学业。理由很简单：因为根本就配不上啊。王韵自己也坦诚，那个时候自己就算拿望远镜也根本望不到松雨，松雨在人群中太不起眼了。

所以，有一种拼搏，不是马上行动，踏上征程；而是要积蓄力量，等待时机。当你这个人配得上你所想要达成的目标时，就是最佳的时机。当这样的时机来临时，我们或许不需要再去做什么拼搏，就可以轻松达成所要的目标。

但是现实中还有多少人没有明白这样的道理。自己还不足够优秀，还未做好充分准备，就死缠烂打地去追求喜欢的姑娘，如果你没有吸引姑娘的特点，你以为姑娘都是眼瞎的吗？自己羽翼还未丰满，能力还不足够，就想要获得更高的职位，拿到更多的薪水，如果你没有让老板信服的本事，你以为老板都是脑残吗？

有一种拼搏，可以称之为向内拼搏，即把关注度从外物身边挪开，放到自我成长上，向内生长出足够的力量。当你的力量配得上你的目标，你自然就会轻松得到它。

贰

第二章：坚持不懈，创造人生奇迹

坚持，才是拼搏的核心内涵

我不知道，说到拼搏，在你眼中浮现的会是什么模样。可能是咬着牙齿努力奔跑，可能是奋笔疾书彻夜不眠，也可能是废寝忘食忙着“搬砖”。

拼搏总该有些与众不同的样子。至少不应该是柴米油盐人间烟火。它得显现出一些别样的特质，比如疯狂、神经和苦逼，才可以区别于我们普通的日子。

成功的人生大多是拼出来的，但是拼搏的日子，并不都是苦逼的日子；拼搏的人生，也未必每一分每一秒，都要用来努力。该和朋友喝酒吹牛，该去就得去；该和家人谈心旅行，也绝不省略。

拼搏，不是你看到的表面。拼搏，有它的内涵。拼搏的核心，大概就两个字：坚持。

坚持是每个人都会对自己说的词语，却同时是，很多人无法兑现的承诺。坚持，看上去简单，做起来非常难。

你或许很容易怀着目标与期待上路；大概也可以，持续一段时光；只不过半路上，你还是会将它放下，然后再也不将它重拾。

所以，失败往往只有一种，那就是半途而废。如此说来，成功也就只有一种，那就是坚持到底。

坚持首先是个时间概念。它从这头跨越到另一头，必须跨越一段漫长的时光。这段时光到底有多漫长说不清楚。也许是从黑夜到黎明，也许是从青春到白发，也或许是从第一个小时到第一万个小时。唯有时间的累积为证，坚持才称得上是坚持。要不然就只能是投机取巧了。

坚持还是一个深度和纯度概念。它需要从事物的外围逐渐深入到事物的内核。掌握最核心的技术，了解最深刻的意义，理解最真实的本质。只懂点皮毛的人，成就不了大事；坚持，能让人纯粹，让你越接近你从事事业的本质，想要的一切，自然将水到渠成。

坚持最重要的，还是在关键时刻的坚持。关键时刻，就是最困难的时刻。就像你正在一架飞机上享受旅程，突然广播说飞机出了严重故障，这个时候你的内心一定是崩溃的。人生，也是这样。人们往往在最困难的时候选择放弃。而你在这个时刻的坚持，将赋予坚持更丰富而深刻的意义。

歌词里唱，“再靠近一点点就让你牵手”，现实中看，再坚持一点点就抵达了成功。

我们起初都稚嫩，最后都成熟。起初都迷茫，最后都透彻。起初都困惑，最后都幸福。我们从“起初”飞往“最后”，这段距离就是坚持的距离。

拼搏的核心是坚持。所以，坚持，也就是拼搏的另一个代名词。

愿你在时光中坚持你所爱。愿时光最终成就傻傻坚持的你。

傻傻坚持，“剩”者为王

有一种拼搏——

就是需要你练习憋气的本事，努力憋到最后的一口气，让别人在自己之前都被吓怕吓跑，这看上去有点傻。但是只要能够傻傻坚持，坚持到最后一个，你就可以“剩”者为王。

我大四晚期去了一家刚起步的小公司实习，毕业之后，一时找不到更好的，就接着呆在这儿上班。这是一个成立不超过两年，员工数不超过十个的“小作坊”。基本上好像每天都有新人来报道，但是总人数没有变多，说明每天同时也有旧人离开，而所谓旧人也不过是在这里呆了几个星期而已吧。

公司老板是个 35 岁左右的男人。头上早已经是地中海了。平日里不苟言笑，基本上一天到晚待在办公室里忙碌，很少从他办公室出来，更很少听到他对我们讲多少话了。这样青黄不接的状况，再干下去您就要成光棍司令了，好歹出来说几句鼓动人心的话，要不然要成光杆司令了。

但是这个戴着深度近视镜的中年男子，仿佛显得很木讷。他从来不给我们画饼，从来不告诉我们跟着他未来可以有多美好。只是把每年、每月、每周、每日的目标分解到每个人身上，要求大家努力把每一天做好。

我在这里持续待了半年，过完年之后，我毅然辞职，去了另外一座城市，另外一家公司开始了新的工作和生活。因为在这样小的公司里日复一日那些琐碎不堪的小事，实在不是我这样重点大学毕业的学生做的呀。我怂恿跟我同时进去的王敏一起去找更好的奔头，但是这个王敏却傻愣傻愣地说，我觉得在这里挺好的呀。

算了，人各有志，各走各的路吧。随后的几年里，我又陆续地换了几份工作。回想起来，总是遇到了让我感觉不顺心的事情，不是和同事有了不可调和的矛盾，就是把我调到新的部门没法跟新领导磨合，还有的时候觉得公司走下坡路，看上去快要倒闭了，赶紧三十六计走为上计。所以几年后，勉强算混个温饱，但没有什么大作为。

可是当我回头时，发现那个傻愣傻愣的王敏居然还一直留在原来的公司，没有丝毫的变动。那次去他的城市出差，想着顺便去看看他。他说这五年来，公司搬了好几次，早已经不在原来的地方了。所以，他就给了我一个新的地址。我循着地址找过去，简直有点不敢相信。这么漂亮的一幢楼全都是他们的办公场所，怎么一点当年的老土气质都没有留下呢？

我对楼下门卫说，我来找王敏。他说，你找我们王总，有预约过吗？我无法看到自己当时的表情，但能猜想那时候的表情一定极不自然。没理会他，顺手拨通了王敏的手机，说，门卫把我拦住了，你赶紧给我下来。然后总算见到了王总本人。

深蓝西服，红色领带，黑色皮鞋，腕上带着一块土豪金机械表，一副金丝边的眼镜，浑身散发出一种成熟的气息，完全没有了我们一起进来时那种学生气和土样子。完全一个成功商务人士啊。

其实这几年里，我也能够时常听到他的一些消息，说是混得很不错。但是有些事情真的需要亲眼所见，你才会真正更加了解事实，也更加相信事实。从他外表看就是一位成功人士，而事实上，他现在正是这家集团公司的副总裁，而这家集团公司现在已经完成 B 轮融资，正准备上市了。而这家正准备上市的公司正是我最初大学刚毕业时进去的“小作坊”。

老是跳来跳去的人，最终都没有什么大的成就和作为。因为，如果是自身的问题话，就算你换了一个新的环境，那些问题依然存在依然会暴露，并不会因为换了一家公司，自身携带的问题自动消失了。如果是企业有问题，不是致命的问题，也可以耐心地等一等，或许会有新的转机。

而一直长久地待在一个公司，与公司患难与共，一同成长，你深刻地了解了这家公司的“脾气”，碰到不顺心的时候去努力克服自己的问题，让自己更上一个台阶；碰到公司危机的时候，凭借自己的力量去走到前头冲一把。这样持续下来，你会更加得到老板的信任与器重，同时这个过程中，也磨炼了自己的心性与意志。

王敏跟我聊到说，别说我们那时候的人就剩下我一个，后来再后来进来的人都已经快走光了。整个公司上下除了老板，就算我“工龄”最长了，没有人可以再超得过我了，我硬生生地剩到了最后，你们这帮人真是傻蛋，非得把一切都让给我，现在我的钱是完全花不完了。他是完全轻松笑着说完这些话的。他在这样的时刻，也确实有资格笑着说出这样的话来。

老板不光给了他高得让他难以置信的年薪，另外还大方地给了他股份。我们用几年最好的青春兜兜转转，却其实是在原地踏步；而他看似原地不动，却在一路高歌猛进。你有没有真正的拼尽全力，你自己说不了算，时间和事实说了算。

但是这几年中到底发生了一些什么，我知道得并不具体和清楚。我只是从和王敏的聊天的只言片语中略微猜得一二。大部分的日子都是平平淡淡的，甚至是有些枯燥无聊的。每天早上的8点半雷打不动地要开早会，有的时候简单点，就五分钟结束；有的时候会说上整整一个上午也不一定。但有一点是，这么几年下来，从来没有一次迟到，更没有一次缺席。

当然还有小部分的情况是特殊。比如有一次公司遇到了危机，差点整个公司就要关门大吉了。一个一直长期合作的大客户，在签约之前突然风向转向了另外一家竞争对手，这个时候正是王敏，这个了解自己公司特点，又了解竞争对手特征，还特别摸清客户脾性的王敏，挺身而出，想尽一切办法，帮公司化解了这样一场危机。这次化解也就成了公司发展历程中的一个分水岭和里程碑。他受到器重得到回报，并不是毫无来由。

所谓坚持到底，“剩”者为王，也并不是毫无作为地傻傻长时间不变动地呆着，如果是这样，哪怕剩到七老八十，胡须发白，也难成大器。我们应该对“剩”者为王有更深一层的理解。那就是，在岁月长期的累积下，会得到比别人更多的机会，也会得到更多把握住机会的能力，两者叠加，便能在这个平台上成就你。

当年跟马云一起创业的十八罗汉，他们一起创造了阿里巴巴。十年之后，阿里巴巴成功上市，这些“剩”到最后的罗汉们，也都成了亿万富翁，这不是很好地诠释了“剩”者为王的道理吗？

“世界那么大，我想去看看。”成了一句流行语。这是一种洒脱的个性，是一份美好的情怀。人尽可以随时出走，给世界一个背影，但是回来后，依旧要面对诸多现实。现在很多人稍有不顺心就炒了老板鱿鱼，去大世界看看。这样的心态，并不是洒脱，而是浮躁。

也许我们此刻正需要一剂镇静剂来去除浮躁。当我们把心沉下去的时候，你所有拼搏就有了力量和方向，你所有的拼搏也便有了追寻的意义，你会傻傻坚持，将拼搏进行到底，直到“剩”者为王。

选择属于你的领地，做到第一

有一种拼搏是——

选择属于你的领地，哪怕这个领地没有很多人跨入，你可以努力地走到最深处。你走的路程可能要更长，但是因为走的人本来就很少，一不小心，你就可以轻松地做到第一名。

李俊是我们高中班同学里唯一的博士，求学之路一路畅通，从武汉大学的本科、硕士一路飙升到了香港中文大学的博士。我估计他博士毕业之后肯定还得念个博士后，一直到没什么可以再读了为止。

我们同学聚会时，偶尔会聊起这位李博士，大家多是对这位青年才俊颇有褒奖之词，博士啊博士，真是了不得；但中间也不免会吐个槽，因为这位博士读的居然是“神学”，我们这帮完全只食人间烟火的人，根本无法理解神学对我们生活的意义。

我从高中时起就称呼他俊哥，一直到现在也这么叫他。几乎每一次见他都会说，俊哥，你真是一个高深莫测的人啊。有点调侃，但也的确饱含真诚。每次他都用鄙视的目光给予回应，那样子好像就是说，懒得理你这样肤浅的人。

当然他还是很理睬我的，有一次我很认真地问他，俊哥，你每天在学校里读的都是什么玩意儿，怎么选择了这么个专业？以后准备帮人算命吗？他差不多想要揍我了，反问我，那你怎么跑去教书育人了？彼时，我正是一位人民教师。

俊哥说，人生都是说不清楚的，没有谁知道下一步会是做什么，我也是一步一步顺其自然走来的。俊哥本科时读的文科基地班，涉及文史哲，并没有细分专业，后来发现对于哲学更感兴趣，自然而然地选择了这样一条道路，再后来就是越深入越沉迷，就索性在这条路上“一条道走到黑”了。

我记得读高中时候俊哥的样子，那时的俊哥，就已经在读康德读海德格尔，读那些高深莫测的书了，而且还会记下一本又一本厚厚的笔记，飘逸的字体写下的内容，在我们看来像是“天书”，但是俊哥生性内向害羞，不太愿意与人多说话，尤其是面对女生。夏天，我们男生宿舍里洗完澡换内裤很随意，但是俊哥一定要偷偷躲起来换，生怕被我们看见。

我经常会想，如果像俊哥这样的人，若是去拼职场拼商场，会不会就像上了刑场一样，等待他的只有子弹，你说他该怎么拼搏，怎么拼搏都是死路一条啊。有些人天生就不适合干大众的事干潮流的事，如果一定要盯着不放，结果将会死得很惨，因为这不是你的人生赛道，就算你跑得再起劲，也是瞎折腾，没用的。

所以，我想到有一种拼搏，就是选择对的赛道，选择属于你的领地。这个领域或许鲜有人听闻，更少有人涉略。把全世界所有的参与者加在一起，可能总共只有十名选手。那么在赛道上的你，至少已经是世界第十，要是自己稍微加点力，运气好点，别的选手摔个跤什么的，说不定一个不小心，就成了世界第一。

俊哥在大学里帮过我不少忙，在写作上。我知道自己思想肤浅，读哲学的俊哥思想高深，所以写的文章，总会发邮件给俊哥请求他指点一二。他这指点一二就是灵丹妙药，吃了之后水准大大提升。这让我在大学里拿了一点奖，出了一点风头，没有人知道我背后有这位哲学达人的高人指点。

大三那年春天，我独自背包旅行，来到武汉，就住在俊哥武汉大学的宿舍里。在武汉大学看了樱花，吃了烤鱼，也见识了俊哥的宿舍。那简直不能称之为宿舍，直接就是一座小型的图书馆，这座“图书馆”里放的都是些什么乱七八糟的书，我简直要疯掉有了爱的人注视，你在“刀光剑影”中会拼得更加勇猛；有了爱的人关怀，你哪怕彻夜不眠都会毫不困顿；有了爱的人期待，你哪怕遭遇万难都能迎头向上。

了，因为我居然连书名都读不顺。

我说，你们跑一下图书馆就没时间，就那么困难吗？俊哥用手指指身边那位厚眼镜书生说，他连吃饭睡觉上厕所的时间都不够，你信吗？我说，要这么多书难道可以当饭吃吗？俊哥拿出一本指了指旁边的兄弟说，这本译著他参与了翻译，稿费还不少。我说，你们每张床上都堆满了书，书可以当女朋友抱着睡吗？俊哥看了眼对面的兄弟，意味深长地要请他谈谈系花如何追求他的故事……

这屋子的人，在一个狭小的空间享受着他们的快乐，在一个狭窄的跑道上尽情地奔跑着。享受，意味着热爱；奔跑，意味着付出。竞争相对没有那么激烈，但是游手好闲会被挤出赛道。俊哥四年本科毕业之后，顺利地保了本校的研究生，也是源于他四年下来出色的学业成绩，他在他所在的学科做到了极致。

越高的地方，越窄，也越难。俊哥考香港中文大学博士时并没有想象般顺利。花费了大量的时间精力备考不说，还差点“难产”。那个时候，他心情非常沮丧，电话中告诉我说，考博士考砸了。估计得明年再重来一回，今年是不成了。他不打算再回自己老家了，就直接来上海找我，要我帮他找一处房子，好好复习一年再来。

凭我对他的了解，我觉得他要是再复习一年肯定可以考上。在他为自己做着各种后路准备，在我忙着为他找房子的时候，他得到了被录取的消息，兴奋不已。他确实挺幸运的，但是在我看来，幸运的不过是他节约了一年的时间。

别以为考上了博士就万事大吉，读博士的过程更加艰难，顺利拿到博士学位更是难上加难。基础的学习，涉及面更宽，但是也相对简单易学，而高端研究性的学习，是在一个极其窄的学科领域，学起来相当枯燥无味。本来就像天书般的内容再加上全英文授课，若是把我放在这样的环境里，我的脑子估计很快就会疯掉，但俊哥不是。

当然也费脑力，但是他能享受到乐趣。不是所有人都能享受到这样的乐趣，就是他在最开头的时候也不可能觉得有意思。有些事情，作为一个旁观者，我们根本体会不到，因为我们连事情皮毛都触及不到；但是作为一个体验者，却会乐在其中。这种乐由最初的了解到步步深入得到，正是因为足够深入了解，才能有无穷的乐趣。

俊哥在读博士期间，学业可能很紧张，但至少看起来的日子过得也很逍遥。我经常能够听到他的消息，今天，跟着导师去美国参加一个学术研讨会；明天，又一张飞机票飞去日本参加一个什么课题小组的活动，拿的各种奖金累加在一起完全超过一个普通白领的工资。学识越来越高，见识也越来越广，奖金也越来越多。有一次我手头缺钱急用，问俊哥借，他随手就给我转了两万港币，事后忘了这事一般，不再提起。直到我主动跟他说，土豪，我要还你钱了。他才似乎想起来这事。

我豁然开朗：在一条几乎无人涉猎的道路上，只要你有足够的勇气去走到它最深处，这条道路并不是看上去那样越走越窄，相反，它会回报给你一个更加宽广的世界。

我身边还有像俊哥这样的朋友，在一个很冷门的学科一路读到了博士，然后在这个冷门学科内做着教学与研究的工作，将这个学科的知识传授给下一批学生。他们做着极其简单单一的事情，但活出了自己想要的人生。俊哥目前还没毕业，但我能想象，他会选择去一所高校做老师，然后再做自己的研究，在这条走了十多年的路上继续走上几十年。

有一种拼搏是，在少有人跨入的领域用心走到最深处。这个领域不一定是读书，是博士，是冷门学科，还可以是这个，是那个，是你不曾留意过的。你走的路很窄，也可能要更长，但是因为走的人本来就很少，一不小心，你可以轻松地做到第一名。等到第一名时，你的天下必定灿烂和宽广。

苦练打底，你也能练成“大师”

有一种拼搏——

就是肯花时间苦练，哪怕一万个小时。最终你会水滴石穿，终成正果。想象那些“大师”一样出类拔萃，就先别埋怨自己没有机会，不逢贵人，怀才不遇，而是先问问自己功夫下得够不够，有没有付出过一万个小时的努力。

作家格拉德威尔在《异类》一书中指出：“人们眼中的天才之所以卓越非凡，并非天资超人一等，而是付出了持续不断的努力。1 万小时的锤炼是任何人从平凡变成超凡的必要条件。”他将此称为“一万小时定律”。

要成为某个领域的专家，需要 10000 小时，按比例计算就是：如果每天工作八个小时，一周工作五天，那么成为一个领域的专家至少需要五年。这就是一万小时定律。

人类脑部确实需要这么长的时间，去理解和吸收一种知识或者技能，然后才能达到大师级水平。顶尖的运动员、音乐家、棋手，需要花一万小时，才能让一项技艺至臻完美。不管你做什么事情，只要坚持一万小时，基本上都可以成为该领域的专家。

有一种拼搏，是持续地在一件事情上投入越来越多的时间。这件事情看似单纯简单，事实上做起来并没有那么简单。因为我们生活在特定的环境之下，生活总是会赋予我们更多五花八门的内容，每天都会冒出稀奇古怪的人，变化多端的事，需要你去应付。这样的情况下，要做到心无旁骛又持之以恒，确实是件难事。

我曾经一对一带过一个学生语文，他的名字叫有为，姓有名为，很不一般的孩子。那时候他正念高二，这是个聪明又勤奋的孩子，我对他的期待是高考语文成绩一百三十分，所以对他格外严格。有一段时间，我精心挑选了十五篇古文，要求他不看任何资料独立完成翻译，然后熟练背诵。他在几乎没有什么特别指导的情况下，在规定期限内顺利完成，让我当时颇有些吃惊的，因为很少有很可以做到，除非做到极其专注。

有一天，有为跑来告诉我说，他要在上海参加一个全国的音乐比赛活动，而他的表演项目就是拉二胡，希望我也可以跑去为他助兴加油，我欣然同意。他表演的当天，我极为震惊，几乎要感动得落下眼泪，他那天表演的曲目是《战马奔腾》，技巧娴熟流畅，音调激奋昂扬、节奏铿锵有力，随着他的演奏，边防战士跨马横枪的英武形象，骑兵战士守卫边疆的动人场面都一一在我眼前浮现。

我虽然平日里很少有什么雅致去听上一段二胡，也根本不懂这门艺术，但他真的演奏的特别好，这不是我一个人说的，也不仅仅是我一个人的感受。因为当他演奏完成之后，我发现全场起立爆发出了热烈的掌声，评委老师给出了罕见的满分。那天，他大获成功。看到他露出了难得的笑容，真心替他高兴。

我不知道这笑容背后有多少的沉默，更不知道这笑容背后有多少的辛酸。有为妈妈告诉，打他五岁起，就让他摸二胡了。平均每天两个小时的训练，也差不多接近 10000 个小时了，也难怪会有如此高超的演奏了。

我知道要入门一门乐器容易，但是要精通它却非常困难。我自己曾有过学吉他的经历，一开始买了吉他报了课程，非常兴奋，也很向往能够弹奏出美妙的音乐来，但是风光的背后，是无尽的寂寞啊。在家里几个小时练习下来，往往手指上得磨出老茧来。我虽知道能够熟练弹奏吉他是件很酷的事情，我也知道只要坚持练下去一定可以做到。但最后，还是不知不觉地放弃了，那把放在书房里的吉他也已经积满了灰尘，因为我在这件事情上花费的时间之少，最终这个世界上，少了一个厉害的吉他手。

细数那些获得杰出成就的人物，巧合的是，他们取得辉煌成就的时候，恰好是他们在这个领域内的努力，累积到甚至好几个10000小时的时候了。

1、田坛飞人刘翔：我们只看见他在赛场上的风驰电掣，一骑绝尘，可是为了他在赛场上的10多秒的辉煌，他从7岁开始至今已苦练了19年，不知跑了几个一万小时，汗水流了几吨，经历了多少挫折和失败，才换来了“阳光总在风雨后”。

2、青岛港吊装大师许振超，能把吊装技术练得像绣花一样精细，丝毫不差，多次在吊装技术比赛中技压群雄，还多次打破世界港口吊装纪录。为了这“一招鲜”，他至少练了30年，苦心孤诣，练习不辍，足足有好几个一万小时。

3、美国游泳好手麦克.菲尔普斯，除了手脚特长的天赋异禀，他每天练习八小时，全年无休，这样持续五六年，方能谛造一人独得八面金牌的奥运奇迹。

4、写出《明朝那些事儿》的当年明月，5岁时开始看历史，《上下五千年》他11岁之前读了7遍，11岁后开始看《二十四史》《资治通鉴》，然后是《明实录》《清实录》《明史纪事本末》《明通鉴》《明汇典》和《纲目三编》。他陆陆续续看了 15 年，大概总共看了 6000 多万字的史料，每天都要学习两小时。把这几个时间数字相乘，15 年乘 2 小时再乘以 360 天，等于 10800 个小时。所以在海关工作的他，才能白天当公务员，晚上化身网络作家，在电脑前码字。

5、从台湾超级星光大道走出来的萧敬腾，15 岁时学习爵士鼓，18 岁时开始在酒吧、餐厅驻唱，每天要唱很长时间，跟好几个场子，时间最长的时候，一天超过 12 个小时。

6、知名武侠作家沧月，5 岁以后开始博览群书，10 岁左右练习写武侠小说，读本科和研究生的 7 年半时间，更是每天花上六七个小时来写小说。单是大学期间所练习的时间，就远远不止一万个小时。在练习的这些年中，她始终保持着旺盛的精力和浓厚的兴趣，从不会觉得乏味。但她深知，自己付出的也很多。

7、股神巴菲特、微软创办人比尔盖茨、苹果计算机乔布斯，在他们的专业领域，投注都超过一万小时以上，他们专注的阅读、思考、研究、实践，才有今日的成就。

其实对于成功者来说，不管练习的过程枯燥与否，有趣与否，他们都必将付出远远超出常人的代价。心甘情愿花上一万个小时来打通任督二脉的人，大都不是寻常之辈。

要在任何领域成为大师，一般需要约10年的艰苦努力。不难让人联想到中国的古话“十年磨一剑”，其实是同样的道理。人们都羡慕那些成就非凡的弄潮儿，可是有没有想到，他们其实大多数也和我们一样是平常人，

所以有一种拼搏，可以让你能够脱颖而出，它需要你有超人的耐心和毅力，肯花一万个小时甚至更多的时间来训练和学习积累，最终水滴石穿，终成正果。如果人们也想像那些杰出人物一样出类拔萃，就先别埋怨自己没有机会，不逢贵人，怀才不遇，而是先问问自己功夫下得够不够，有没有付出过一万个小时的努力。

一个人只要不是太笨，太不开窍，有这一万个小时的苦练打底，你即使成不了大师、巨匠，至少也会成为本行业的一个具有丰富经验的专家，一个对社会有用的人。但是要成为你想成为的人，就必须走上这条路。而在成功的诸多要素中，唯一能为我们所掌控的，恐怕也就是这一万个小时了。

期限内有效，与时间赛跑

有一种拼搏——

是一场与时间赛跑的游戏，你会放掉一次次休息，虐待自己；你会熬过一个个深夜，身心俱惫。但你心中很明白，你必须在期限内赛过时间，才能赢得自己，要不然只能出局。

我们需要储备足够充足的力量，才能够更好地去拼搏，而积蓄力量的过程是一个缓慢的过程，要扎实要牢靠。就像最近热播的电视剧《伪装者》，作为一名学生在学校期间，自然要把本事学得过硬才行，必要时还得重头再学，但是一旦毕业成为一名“伪装者”之后，就容不得你慢慢来，很多时候，你不得不与时间赛跑，要不然身家性命随时都会搭上。

拼搏很多时候就是一段与时间赛跑的旅程。它会给你设定一个固定的期限，要求你在这个期限内完成某个任务，达成某个目标。有的时候，这个固定的期限会非常短暂，短到不可思议，短到不得喘息，就看你到底给不给力，抗不抗事，哪有时间容你慢慢来，你以为是在谈风花雪夜的爱情吗？

我平日里爱写一些东西，比如一些生活随感，一些旅行见闻等等，都是因为自己感兴趣随心而欲写下。我相信很多写作爱好者也都会有这样的习惯。写自己喜欢的东西仅仅只是一种自我表达和抒发，你完全可以慢慢写，想写的时候多写点，不想写的时候当然干脆不写，有多的想法就写上长篇大论，没什么多说的话就三言两语，没有任何时间限制，你由着自己的性子来。

可是后来，我意识到如果真的想要成为一名作家，就不能这么自由散漫，必须做到训练有素才行，要不然在这个人人都能动手写点文字的当下，怎么可能有竞争力？于是就给自己规定时间期限规定字数要求规定主题方向地练习，慢慢地，有杂志社和出版社的编辑找到我，让我写一些东西，这样，我终于在写作上有了更多的机会。

但是真正走上写作这条道路的人，都会深有感触，这是一条常常有欣喜与愉悦的道路，同时也是一条痛苦不堪的道路。你会坐在电脑前敲不出一个字而焦虑不已，你会被编辑催稿催得头痛难忍。对的，写稿，是非常有时间限制的，你必须得学会与时间赛跑。

几年前，我曾给一本叫《大学生》的杂志写稿。每个月一篇三千字左右的文章。字数不算多，但是写作任务却并不轻松，为了把文章写得更有真实性，需要查阅资料和调查访问，那时候我在杭州一家广告公司做文案策划工作，所以只能利用业余时间来完成稿件。如果规定每月二十号完稿，我大概会提前一周完成初稿，因为完成之后，编辑还会要求没完没了地修改，很多时候甚至还有可能要重新再写。

我当时能够深刻地体会到，写作绝不仅仅是一件好玩的事情，它更多的时候是一场与时间赛跑的游戏，你会放掉一次次休息，虐待自己；你会熬过一个个深夜，身心俱惫。但你心中很明白，你必须赛过时间，才能赢得自己，要不然只能出局。所以，每次在 deadline 之前都顺利完成任务，我才赢得了编辑的信任，也才有了之后更多的机会。

前段时间，我给一家出版社写了一个作品选题，出版社的编辑和领导看了之后非常认可，觉得选题新颖有亮点，很有价值，但是这个作品必须抓紧时间写出来，如果过了时间期限，若是被别的出版社抢占先机，估计也许就没什么价值了。最终，十二万字的作品，对方只给我两个星期的时间。所以，基本上每天一万字的工作量。

我并不是专职作家，不是所有时间都可以用来写作。我有自己的本职工作，容不得我半点马虎；我也有自己的正常生活，我需要跟家人相聚，需要和朋友们交际。但是最终我同意了。我当然也可以选择放弃，但我心中特别清楚，这是一个很好的机会，虽然与时间赛跑是一场非常残酷的游戏，但是为梦想拼搏，本来不就应该很刺激吗?

那几天遭遇重感冒，身体已经完全吃不消了，只想找张床舒舒服服地睡上一觉，最好一觉睡到天亮。我得跟时间赛跑，那几天的每一分钟都十分宝贵，如果我在睡眠中度过，那么我将会彻底输给自己，我不想输，所以我只能每个夜晚写到凌晨，写到天昏地暗，连续好几天通宵达旦，好几次感觉自己差点要晕过去。

那段日子现在回想起来，还是心有余悸。但是那个阶段的我，特别需要这样一个机会。我当然可以从跑道上停下来，但是我将会让人失望，最终让自己也失望；我将会错失机会，也最终将会错失梦想。在最后期限完成自己想要的作品，那种酣畅淋漓本身就是一种释放，一种奖赏。

我喜欢的作家张嘉佳也有这样的经历。他说，他一年要写了很多很多字。这是每夜都面临崩溃的一年，无穷尽的通宵工作，再次被送进医院抢救，随身带着药罐，原来完成一部心目中完美的电影，是这么辛苦。他不是可以慢慢写吗？他难道不是在与时间赛跑？

时间有的时候就是这么残忍，在这件事情上只给你这么点时间，你在这段时间里顺利完成，你才是英雄；一旦过了一定的期限，哪怕你做得再完美无缺，恐怕都失去了意义与价值。所以，拼搏成了一场与时间赛跑的游戏。把时间期限往远了说，你得在你活着的一生中拼尽全力，死去了之后便了无意义。

在很多领域很多场合，也需要进行与时间赛跑的游戏，比如开一个重大的展会，展会就在下个星期，你有一个星期的时间筹划和准备。那么，这一个星期的时间，就是与你赛跑的对象。你必须在这段时间内，把每个细节考虑到位，把每个要求执行到位，到展会开始的那一天，人们觉得一切完美，你的所有努力才有意义。但是那些行为放在展览开始之后再去做，就丧失了全部的意义。

我想起有人曾经给我说过这么一个事：他们公司开一个重要的会议，会议开始前不久，突然电闸跳掉了，所有人都陷入了紧张与慌乱。但是有一个人在那个关键时刻，用手把电线紧紧连在一起，两个小时都不放松，直到让会议顺利开会。他那煎熬的两个小时发挥出了巨大的光亮，但是过了那个时刻，换在任何其他时间都将黯然失色。

在爱情中也是一样。什么叫爱得刚刚好？就是在她正好需要你的时候，你也正好全身心地爱着她。但是在她感觉最无助最需要你的时候，你缺位了；而她已经不需要你的时候，你却出现了，这种出现，除了让人觉得尴尬和可笑之外，一无所用。

有一种拼搏，就是要与时间赛跑，跑赢时间。在规定的时间里，发挥出你所有的能量与光热；在有限的期限内，使出浑身上下最大的力气，在不多的时日里，摒住呼吸甩开腿脚向前冲刺。你要知道，你的努力只有在这段时间里有价值，你的拼搏只有在这个期限内有意义。过了这个时段，对不起，你只能出局了。

严格管理自己，拥有自由人生

有一种拼搏——

是在日常的每一天里严格地自律，让自我管理达到一种极致。严格控制自己，到了什么时候做什么样的事情，不给自己什么“例外”。自律到有些“自虐”的程度时，你只将拥有自由人生。

我并不觉得他比我聪明，我也并没有觉得他比自己勤奋。他是我高中三年的同班同学，也是我高中三年的室友。他留给我们班所有同学的印象是与聪明无关的，比他勤奋的同学也多得很，但是他却用强大的事实证明了自己。

我们当时在当地最好的重点高中读书，我们就读的班级又是重点班，高中三年，尤其是最后那一年，除了几个真不想读书的人，几乎所有人在拼尽全力，为了心中的力量。但是最终我的高考分数与他相差将近一百分。我上了一个很普通的重点大学，而他以全市第一名的成绩考上了北京大学。

他叫沈毓龙，在当时是我们文科重点班的一名学生，成绩向来不错，但是还没有好到格外突出的程度，偶尔我发挥好的时候，跟他不相上下。但是他最后的那一击，却真的一鸣惊人。上帝不会无缘无故地垂爱一个人，沈毓龙的成功，我想着应该有他独到的“成功密码”。

乔布斯曾经说过一句话一直印象颇深。他说，强大的自由来自于强大的自信，而强大的自信来自于强大的自律。自由并不是你想干什么就干什么，而是想不干什么能不干什么。唯有真正自信的人才配拥有自由。而自信不是凭空而起，他来自于强大自我控制——自律。

乔布斯能够获得如此成就，跟他的严格自律自然分不开，而我的同学沈毓龙在当时能够顺利考上北京大学，现在回想起来，他的“成功密码”也并不是什么高深莫测的东西，而只是源自严格的自我约束。

我们大多数人的生活是被动的。当有什么任务给我们的时候，我们很可能会去努力把它做好，但是做好布置的任务之后，我们就不知道该如何是好了。我们在大多数有时间表安排的时候，会表现出自我纪律来，但是一旦自行安排的时间，就会变得十分懒散，无所事事，用好听的话来说就是想要“放松一下”。

我们读高中那会儿住校，早上起床铃声是五点五十分，二十分钟之后是出早操。很多人都是要赖被窝的，尤其是在寒冷的冬天，总是要等到早操时间快到了，才急急忙忙从被窝里

钻出来，都没有足够的时间去洗漱。而沈毓龙每天都会比大家早起二十分钟。这样，他不仅洗漱的时候不用跟别人抢时间了，而且多出来的时间可以用来背单词。

我当时有一段时间以他为我的学习榜样，也跟着他一样早起，可以没几天工夫就放弃了。因为我觉得学校又没有这个规定，为什么要“虐待”自己，遭受这样的罪呢？再说多出这么点时间来又如何呢，哪里有在暖暖的被窝里多睡一会儿来得舒服？早起二十分钟是件极其小的小事，但是足以证明了自我约束是件多么困难的事。

其实，你仔细细想，这个小小的自我约束里有着大大的能量。比别人起得早本身就是会给自己一种强大的心理暗示，而且不用跟别人抢水龙头，本身就可以省下不少时间，每天多出三十分钟也许根本算不上什么。但是长年累月有效利用的话，可以比别人多出好几百个小时。

自律的一个好处就是永远不会出现“临时抱佛脚”。我们因为是文科班，数学相对较弱，当年就把很多精力都放在数学上，一张一张地做数学卷子。而历史这样的科目，平时就没那么多精力给它，总是搞临时突击。有一天晚自习的时候，历史老师突然宣布第二天历史测试。于是乎，这个夜晚，几乎所有的人都挑灯夜战，准备彻夜不眠了，因为实在有太多的东西，要背要记，不熬个通宵的话，第二天只能不及格。

而沈毓龙却不是，他每次上完历史课，哪怕真的时间特别紧张，也一定抽出时间来复习巩固和记忆，哪怕是花十分钟甚至是五分钟。所以那个晚上，十点熄灯之后，别人都打着手电筒看书，他就按时睡觉了。第二天的考试，他是全班唯一的满分。

记得高中那会儿，我们男生宿舍很多人，洗完澡换下的衣服、短裤和袜子，随手丢弃在盆子里，或者浸泡在水里，有的时候一堆可能得堆上两三天，等到有了时间了，想起来的时候，再一起洗掉，而这个时候，衣服很可能都快要“发霉”了。沈同学每次都是一洗完澡就立马把换洗衣服洗掉。

有一次夏天傍晚，洗完澡要回教室，因为班里统一要练习英语听力，时间所剩不多，我催着他赶紧一同回教室，他看了一下手表之后，还是淡定地表示要先洗完衣服，就跑去盥洗间了，直

一个人只要不是太笨，太不开窍，有这一万个小时的苦练打底，你即使成不了大师、巨匠，至少也会成为本行业的一个具有丰富经验的专家，一个对社会有用的人。

到把衣服洗干净晾好再走。到了教室，听力练习还有五分钟开始。

他每周日下午的时候，倒是有别的“娱乐计划”——踢足球。作为足球爱好者，他给了自己两个小时，那两个小时是尽情释放的两个小时，也是完全忘我的两个小时。他可以把一切全部都抛下，玩得酣畅淋漓。如果学校没有别的特殊安排，这个时间就一定会看到他在操场上奔跑的身影，雷打不动。但结束之后，便马上投入学习中。

一个并不是最聪明，也不是最勤奋的人，最后以全市第一名的成绩考上了北京大学，一定有他的“绝密武器”。当时或许没有去解密它。现在想来，这个武器就是“自律”。所谓自律就是自我约束，没有别人的监督和管教，也不受周边环境的约束和影响。心中特别清晰地知道，该在什么时间点做什么事情。

无论是学习、生活还是娱乐，他心中都有一张严格的时间表，并且遵照这张时间表来安排。所以，他那个阶段的生活看起来井井有条，他那个阶段的人生看起来层次分明。懂得自律，一切都会按照自己的意愿发生。遗憾的是，我们很多人都想要过好的人生，过程却是杂草丛生，从来没有给自己一张时间表，从来没有精心的设计安排过。

懂得自律的人，就拥有自由；而拥有自由，人生就可以足够从容，因为他有了对生活的选择权。本科毕业之后，很多人会发现就业困难而焦虑不已，而他面前摆出了很多条路供他选择，他最终选择了保送本校的研究生；研究生毕业之后，也会有很多人依然就业困难，不知所措，而他面前的道路却足够宽广，他最终去了某省委办公厅，开始了从政的生涯。人生每个阶段都可以主动选择，这种感觉很多人一辈子都不会有，也不会懂。

有一种拼搏，在日常的每一天里严格地自律，让自我管理达到一种极致。严格控制自己，到了什么时候做什么样的事情，不给自己什么“例外”。自律到有些“自虐”的程度时，你将拥有自由人生。

轻装上路，在路上“武装”自己

有一种拼搏——

在路上不需要高学历等任何“武器”，你甚至可以一无所有。只要有强烈的学习意识，有敢重新再来一次的勇气与毅力，你会在路上不断地“武装”起自己，反而可以拼到最后，拼得精彩。

我刚到上海工作那会儿，身边没什么钱。所以租房子就按最低标准来找。还算比较幸运，没怎么大费周折，就在上海的繁华市心——华东师范大学旁边找了一间房子，房租每月四百。只不过这间十平米的房间要两个人合租。

我的室友叫小廖，我也正是这个时候认识了他。小廖是个“90后”，我认识他那一年，他应该还不到二十岁。简单了解了之后，我知道他来自江西的一个小农村，初中毕业大概读了两年中专，就跑出来打工了。先去深圳工厂干了半年，老板跑路了没拿到钱，所以又独自一人来到上海。

参与上海国际化大都市的建设，没有过硬的知识怎么行？在上海这样一座人才济济的城市里，我这样重点本科毕业的人，走在人群中是完全不起眼的。就像一枚硬币砸进大海里不会有半点声响一样。而他，中专都没毕业的人，也敢来上海滩混？

我后来是打心眼里崇拜和敬佩小廖的，说实话，他的身上确实具备常人不具备的特质。但说实话，最开始认识的时候，我心里有点瞧不起他。一来是没学历，没学历意味着他都没有资格敲开很多公司的大门；二来是太年轻，二十不到的小屁孩，人生阅历和见识都尚浅，又没有任何背景，在这里不被饿死就不错了。

还有一点就是，他做的工作是跟金融股票有关，听上去好像高大上，但简单明了地说，就是打电话帮人推荐股票。也许我是中文系出身，只懂些舞文弄墨的事情，金融时局离我有着太遥远的距离了，我压根就不懂。在我心里，觉得那些整天分析来分析去的专家们都是坑爹的货，更不用说，这样一个毫无金融背景的小孩了。总而言之，我看不上这样的工作，觉得纯粹就是坑蒙拐骗。而只有像我这样当一名教师才是崇高的。

但是，最后小廖用自己的实际的成功，将我所有阴暗的猜想全部粉碎。事实证明，那些在我眼中所谓的劣势或者不堪，在某些情景下，是完全可以转化成为优势的。学历低就更有谦卑心态，时时刻刻有学习的意识，往肚子里装墨水；太年轻才能什么不怕地勇往直前奋勇拼搏啊，因为哪怕输了还可以重新再来一次，而我更没有资格去贬低一个行业或工作，因为行业没有贵贱之分。

而我与小廖相比，只不过是比他多读了几年书，多吃了几年饭而已。除此之外，我不得不在自己心里承认：他确实比我有着更多的优秀之处。举几个平常生活中简单的小例子来说：比如，他每天都在六点就准时起床，而我一定要睡到快迟到了才肯起床；比如，他总是会主动把房间打扫得干干净净甚至一尘不染，而作为同处一室的我，却几乎没有怎么打扫过屋子；比如，他每次出门总是把自己收拾得特别利索，尤其是头型绝对不能乱，而我无所谓，无论什么场合好像都随随便便，再比如，他虽然没有钱但是特别大方，一起吃顿饭总是抢着买单，而我就算兜里有点钱，也总是要衡量一下要不要花。这些虽然是生活中的小细节，但是现在回过头来想，正是这样的小细节，奠定了成功的基石。

第二年夏，通过一年多的努力，我被公司领导提拔为主管，薪水也有了一定幅度的提升，内心当然是有些欣喜。但我后来发现，这个夏天，我辛辛苦苦赚来的钱，居然还不及小廖的三分之一时，我的内心几乎是崩溃的。他究竟干了什么事呢，能这么赚钱？

原来这个夏天，他从他那个小老板那里辞了职，出来单枪匹马一个人做。在房间里安装了一部电话机，通过某种渠道购买了电话号码。然后一个人躲在房间里从早到晚地给陌生人打电话推荐股票，赚了钱之后再与对方三七开。不知道的人，还以为在房间里干什么见不得人的勾当呢。当然隔行如隔山，我是没法理解他这样的工作，不敢相信，真的有人会相信他的推荐，更不敢相信，真的有人会汇钱给他。但是他确实做到了。而把自己关在炎热的屋子，就与一部电话机待上三个月这样的事情，我是绝对做不到的。即使真的熬过了三个月，我估计也该得什么心理疾病抑郁而死了。

过了夏天，看着形势还不错，我就看他开始注册公司、租办公场地、招募团队，更加忙碌开来。当时的我是怀有一种阴暗的心理的，因为这样一个在我眼中的小孩，阅历不够，气场不足，怎么可能创立公司？我只能看看不说话。但是他雷厉风行，该办的一切很快办齐，招了七八个人干活，基本上学历和年龄都比他高。

这次的创业坚持了不到半年以失败告终。因为那个时期的股市实在不景气，他们本来想熬过严冬，迎来春天，不过一直没有等来股市的春天，最终只有选择放弃。这半年时间，之前挣的钱全部都赔进去不算，还欠下了不少债。

如果是那个时候的我，我会很悲观，我会选择放弃，告诉自己不要再那么折腾了。自己是什么人，就该认什么命。老老实实地做自己能够做的事情就可以了，别再让父母们操心。但是小廖不是。他每天依然斗志高昂，重新找了家小公司去上班，依然做自己的老本行。

只不过他会用更多我们看不见的时候去学习，股票在我这样一点不懂的人看来完全是运气的事情，但是金融毕竟是一门专业学科，里面的内涵博大精深，值得深入学习。他在学习上舍得的投资远远要超过我。只要是他认为值得的学习，哪怕花再多的价钱都愿意。有一次，在江苏南京有一场陈安之的成功学课程，两天两夜就要几千块的学费，在我看来非常不值。他却毫不犹豫地去了……

后来，他又去做了黄金、期货，都是跟投资有关的事情，都是些我不懂的事情，拿到的薪水越来越高、越来越高。

我之后离开了上海，和上海的朋友们偶尔还有电话联系。前几天给小廖打电话，他说，他现在又有了自己的公司。有老板看中他的能力，专门投钱给他做公司。他拿百分之三十的股份，全权负责公司具体事务，公司业绩现在蒸蒸日上。说实话，我挺羡慕并且佩服小廖的，有梦想，肯坚持，终有成功的这一天。

有人说，二十世纪八九十年代，只要你有胆量，没什么知识文化的人也都可以发财致富。但是现在这个时代不行了。这话确实没错。知识经济时代，要想有所成就知识肯定不行。但是学历不等同于知识。学历低并不是阻碍你拼搏的拦路虎，只要你肯努力，有学习意识，在工作中用心吸收新知识，照样可以拼出精彩。存在即合理，我的朋友小廖就是这样一个活生生的例子。

拼搏的道路上，我们需要带上足够强大的武器，才有可能击败竞争对手，拿到最后的胜券。但有的时候，背负了太多的装备，人反而会越发觉得沉重，会患得患失，顾虑重重，就越不能轻装前行了。只要有强烈的学习意识，有敢重新再来一次的勇气与毅力，在路上不断地“武装”自己，反而可以拼到最后，拼得精彩。

我为自己拼，与他人脸色无关

有一种拼搏——

我只是想做好我自己的事情，我只为我自己拼。所以他一心沉醉在自己的事情里，甚至到了独自一个人狂欢的境地。这种状态看起来更像一个疯子，但是他自己却觉得是最帅的王子，时间最终会给他足够的面子。

一开始的时候，我一点儿也不喜欢这个人，因为感觉这个人从头到尾都特别招人烦。认识他之后的那两年，我记得他凡是有机会逮着是个人，就开始张口噼里啪啦一顿说。说什么呢？说健康对人有多么多么重要，说他们的产品有多么多么好，不管听的人烦不烦，他就是说个滔滔不绝，准备说到天荒地老。

我不幸跟他合租一套房子，所以更不幸的事情是，每天都能听到他试图对我进行的“洗脑”，试图说服我跟着他一起干，带我装逼带我飞，带我实现发财致富飞黄腾达的梦想。彼时彼地，我虽然有着强烈的发财梦想，但是在他面前始终保持了最清醒的理智，在他的千万富翁不是梦的鼓动面前完全不为所动。

其实，说服别人重要的不是说，而是让别人看到你的作为。你自己还在为生活捉襟见肘时，别人凭什么来相信你的成功学。他跟我同居一屋，我是免不了经常被他说服，有的时候，说的次数多了，我会脸色特别不好看，甚至说出难听的话，但他当时是闭住了嘴，但是一觉醒来笑嘻嘻地跟没事似的，照样跟你说个没完没了，耳朵直接可以长出老茧，我觉得他真的是脸皮厚到了一定境界，如同铜墙铁壁一般。

我此时坐在电脑前细细回忆，他表面看是脸皮厚，其实内心确确实实是一种坚定的信念与意志，换成是我，打死我恐怕也做不到。他如此这般逢人就要劝说跟他干，的确是因为他坚信跟他干就会发财啊。在别人眼中是十足的傻子或疯子，但是只要傻得足够久，疯得足够狂，不就是一种拼搏嘛？

这就是我把这位朱大哥写进本书的原因了。虽然现年三十八岁的他，到现在为止还没有实现发财致富的梦想，但是这位只读到小学五年级就辍了学，原先一直开摩托车拉客的他，逐渐在大上海买了车子，娶了娘子，还生了一个大胖儿子，也确实通过他的奋斗，做到了最好的自己。

当时的他干的事情是卖某品牌的保健品和化妆品，做的是直销业务，有点“传销”的性质，简单说就是，把公司的产品卖出去，然后让买了产品的人也去卖产品，产品卖出去的越多，发展的下线人数越多，自然收益也就越高。直到某一天，你在国外某个城市的海边晒着太阳，不计其数的钱就源源不断地打进你的银行账户。

这在理论上是完全有可能实现的，所以也能吸引到不少人去为之付出；但是这个直销行业到达金字塔顶尖的人，极其少数，所以这一辆列车上会不断有人下车，又不断地有人上车，但是朱大哥不管怎样，七年以来，一直都稳稳地待在车上，跟随列车向前行驶。

这很不容易。

因为做直销就意味着要不断地向别人介绍产品，试图说服别人买你的产品，试图让别人跟随你，和你一起卖产品。这意味着要不断地开发客户，要不断地跟人聊天，更为重要的，还要不断地遭人白眼。朱大哥遭我的白眼就遭了不知道多少回，我更难以想象，他在外面会遭到多少人的白眼和蔑视。但依然我行我素，做我所做，这得需要多么强大的内心。

有一回，他突然跑过来找到我说，今天下午某某酒店有一场讲座，特别好，讲座门票都要好几百，我这边有票，我直接带你过去。我说，大哥，我有事儿在忙，再说，没事我也不去。我还不知道你那讲座是什么东西，就是聚集一帮人开始大忽悠呗。

他倒是一点都不介意的样子，还是继续自顾自说他的。他说主讲人是一个年轻的大学生，跟你差不多上下年纪。他原来也在公司上班，后来辞了职，干起了他们的产品，用了不到两年的时间，现在自己已经买了保时捷卡宴，给他团队的人也都每人买了一辆车。看我不为所动，继续滔滔不绝，连“你若盛开，蝴蝶自来”这样的名句都从他嘴里鱼贯而出。我连杯水都没有给他倒，估计唾沫横飞的他早已讲的口干舌燥了。各种摆事实，讲道理，前前后后说了足足有一个小时。

我后来还是没有领受他的好意，坚决不去。我倒没有后悔错过了一次“改过自新”获得重生的机会，但是内心倒隐隐对他有一些亏欠，觉得辜负了人家的一番好意。直到有一天，感觉自己肠胃不好，鬼使神差地想到了他，买了他一个疗程的保健品，才感觉好受了些。而这一个疗程的产品花费我两千块钱，去医院的话估计几十块就可以吧。

还有一回，他来我工作室拿一个快递。那时，正好有一位女性家长坐在那里等待她的孩子。这是一个四十多岁的女士，朱大哥仿佛又嗅出了机会似的，立马跟这位陌生女子攀谈起来，我出来看到的时候，两个人正聊得非常起劲。推销产品居然推销到我地盘来了，我当时有种咬牙切齿想揍他一顿的冲动，但是看到孩子妈妈脸上堆满了笑容，也无奈只好忍住火气。那一天，一套昂贵的护肤产品，当场成交。后来持续跟进，这位女士不到一年的时间，在他这边花费五万块，介绍三位朋友。

看似是走了低概率的“狗屎运”，但是其实把时间拉长，把基数做大，分母变大，那分子总会来临，一切又是意料之中。

如果他没有这样的拼搏，也许多年之后的他，还是一个骑摩托车拉客的车夫，日晒雨淋，奔波在上海的大马路上，成为城市里最底层的平民。他后来也没有能成为金字塔尖的人物，但是一年十多万的收入，也让他拥有了足够体面和满足的生活。我记得，那年过年前夕，他买了一辆奇瑞汽车，在小区门口放起鞭炮，请一众朋友过来聚餐庆祝，场面盛大，心情愉悦。

现在细细想来，我还是蛮欣赏他，甚至有点喜欢他。他身上有很多我没有的闪光点。比如，他几乎每次出门都要穿西装打领带，洗完头发打上发蜡，让自己看上去精干，看上去像一个成功人士，虽然我知道他的衣服其实很廉价和劣质；比如，他能够处处留意生活的细微之处，别人身上一点细微的变化都能被他发现，对别人也格外的细心和照顾；比如，他还是个特别积极的人，总是愿意去主动认识别人，人脉也越来越广；比如，他还特别注重学习，主动学习一些知识和技能，他说服我的时候有一套一套的东西，尽管很快被我看穿。

更加重要的是，我发现，他脸皮真的很厚，厚到就算万箭齐发都无法射穿。我早已拒绝过他很多次，他一有机会还是会拼命给我“洗脑”，告诉我他的“成功案例”，告诉我他成功带出了几个大学生，现在都发财致富，四处旅行，过上了美好生活。

有人挖苦他，有人嘲讽他，有人说他是神经病，有人说他做痴心梦，他好像都不予理会，更不会生气。这些外在的东西都影响不了他。有一天别人很反感地侮辱他，他回头轻描淡写地说了一句：你讨厌我关我什么事情。

而这些“技能”，有玻璃心的人是完全“掌握”不了的。我们稍微一招人白眼，一招人拒绝，就仿佛自己哪里不对，哪里做错了什么似的，就会主动放弃。其实别人的打击和我们的人生又有什么关系？

有一种拼搏就是，你讨厌我关我什么事。我只是想做好我自己的事情，我为我自己拼。所以他一心沉醉在自己的事情里，甚至到了独自一个人狂欢的境地。这种状态看起来更像一个疯子，但是他自己却觉得是最帅的王子，时间最终会给他足够的面子。

叁

第三章：
倾听内心，切勿浮躁而行

将心注入，随心而动

如果说拼搏只是件力气活，如果说坚持只是时间概念，那么这个世界上，最成功的应该是大力士，最牛逼的应该是长寿者。

真相，显然不是这样。

任何的拼搏，都应该将你的心注入其中。你该找个地方，静静地闭上眼睛，听听自己的心跳，看看自己内心真实的需要。

任何的坚持，也都要跟随你的内心而动。如果你内心渴望的方向是朝南的，你一定要拉着自己朝北奔去，结局可想而知。南辕北辙是世上最愚蠢的事情。

总而言之，你得跟随你的内心选择你的事业，你得跟随你的内心坚持你的选择。内心，你看不见它，但是你能感受到它，而且你必须尊重它。

就像一对恋人，有人只“走肾”，度过的只是春宵一刻；而有人真“走心”，觅得的是长相厮守。内心，是可以被对方感知到的。

依从你的内心，找好你的方向。一个人不可能同时段走上很多条路。你要拨开那些密密麻麻的诱惑，寻找到一条真正属于你的道路，坚定地踏上去，勇往直前。你根本就不会有什么迷茫。

依从你的内心，找对你的团队。一个人的奋斗是孤单的，志同道合的人在一起可以相互取暖，相互支撑。听从你的内心感应，找到那一群对的人，对的人在一起，会激荡出更多的灵感，创造出更多的成就。

依从你的内心，找准你的优势。没有人依靠平庸可以取胜。你的内心会告诉你，你所擅长的地方。把你的优势推向一个无人可替的高度，你会得到来自内心最深处的快感。

依从你的内心……

选择跟内心喜欢的一切在一起。你内心真正喜欢的人，你内心真正喜欢的事。找到它们，也许并不容易，但是你不能放弃寻找。要不然，你就真的是对自己人生足够的将就。

一生不管怎样都得走完，何不找到喜欢的人和事，将心全部奉献给它们?

像雕刻一件艺术品一样，对待你所热爱的事业。没错，把自己想象成艺术家，你为之奋斗的事业就像一件艺术品。你要极其用心，才有可能赋予它们精致和完美。

任何粗糙不堪的做工，玩世不恭的态度和浮于表面的作为，都只能换来一个极其糟糕和毫无价值的废品。

不要让你的人生变成一个废品。那该多么悲哀。

将心注入，你的拼搏才有趣、有料、有成果。

随心而动，你的坚持才有血、有肉、有内涵。

拼搏路上，别丢了“心”。

越忙越迷茫，再拼也是冤

有一种拼搏——

不是忙这个，忙那个，遍地开花，时间全部被挤占，身心永远是疲惫。而是认准一个方向，在这个方向上的持久努力。你越早找到你的方向，越早开始行动，你的人生会拼得越来越轻松。

这个世界上，确实有一类人是天才，他们从一出生就携带了更好的天赋，他们的学习能力非常强，一些东西一点就通，而且不是一般的通，是精通。这样的人物，历史上有很多，现实生活中也有不少，甚至我们身边也不乏有这样的人。

但我得承认，我肯定不是。我资质极为平平。很多事情不得不付出比别人更多的时间和精力，才可以有与别人一样的收获。不过我想我们大多数人应该都是平常百姓，人生在世，或许可以做好一件事情，就足够了不起了。所以真的没有必要去想着把件件事情都做得很好。这样的结局往往是，你会把自己搞得很心累，并且最终竹篮子打水一场空，哪样都没抓好。

让我说说我自己的大学生活，我的大学生活在别的同学看来好像是过得蛮充实和精彩的，整天忙忙碌碌的，有的时候看上去也挺风光。不像我的舍友们，他们把时间都用在打游戏或者玩牌上，实在是对生命的浪费。现在想来，我的一些做法才是真正对生命的浪费。

记得刚进入大学没多久的那一会儿，我心里充满了新鲜感和好奇心，总想尝试更多的东西，不想错过任何机会。大学刚开始过不了多久，学校各个社团都会开始招新活动。各个社团组织的存在，就是为了丰富和充实大家的业余生活，培养和发展更多的兴趣爱好。其实按道理，你找到一个适合你的，好好玩就是了。但那时的我，却好像什么都感兴趣，不能做出属于我的抉择。其实，看似对什么都感兴趣的人，往往并不是真正的兴趣。真正的兴趣是需要足够多的投入之后，才会产生和拥有的。

我记得那次招新活动中，我一口气报了四个社团。它们分别是：学校的青年报社、学院的学生会、校电影协会和校法律协会。我当时的想法现在想来觉得非常天真和幼稚，认为现代社会法律非常重要，以后万一还要考法律系的研究生，所以进个法律协会就可以多接触一些法律知识，而进电影协会自然就可以多看一些自己喜欢的电影了，而作为一名学生会成员，听上去好像是很有面子的一件事，报社当然可以锻炼自己的口才和文笔咯。如果按这样的考虑，我真应该参加学校里所有的社团才对。

而事实上，法律协会根本不是让我学法律的，电影协会也不是让我看电影的，除了最初交了几十块钱的会员费之外，好像这些组织的存在与我所求没有任何关系。看电影和学法律都是心血来潮，如果真要做这样的事情，也完全可以自己默默地完成。而我进学生会简直就一大笑话。不是说学生会不好，因为这样小小年纪个个官僚的组织，实在不适合我这样的人。一群人开会，我就在一边默默发呆，最后实在忍不住了才逃离。我发现，我完全没有必要在这样的组织中扭曲自己。而只有报社的工作才是符合我的兴趣和特长的，也确实为我之后的发展带来了更多更好的可能。

如此说来，我看上去的忙碌其实是一种瞎忙，因为至少有四分之三的时间和精力的投入是完全无效的。而这种瞎忙的背后，则是一种迷茫。没有搞清楚自己的方向，那么所有的拼搏就都没有着力点，想要四处开花样样都抓的结果只有一种：每一种花都将凋谢，每一次抓都会落空。

我在升入大二的时候，还是迷茫地忙碌了好久，最终一无所获。直到到了大三之后，我才真正意识到自己不能再瞎忙了。自以为自己特别拼，其实是一种不成熟，也是对自己的不诚实。内心毫无定力的忙碌，毫无坚持的拼搏，在别人看来也许就是一场笑话。

大二我又瞎忙了一阵子。看到学校里有日语培训班，就报了名去学了。其实就是日语系大三的学生给我们上的，一开始还饶有兴致，结果老师本来就是学生，也不负责，最后不了了之；还准备考计算机二级C语言，专门去报了C语言的培训班，老实说，听这样的课，对于我这种完全文科思维的人而言，简直就像在听天书一样……

而这些原本都不是我真正渴望的，只是受到了周边人的怂恿或者影响，一时兴血来潮就去学了。所以别人看着我背着包、捧着书，老是进进出出，早出晚归，以为我是一个很拼的人，当时的我也差点感动到了自己，在那么美好的时光里，居然连个恋爱都不去谈。可是，直到后来才知道，我学得皮毛都不是，我学得毫无用处，我完全是在浪费自己的青春年华，还不如来一场轰轰烈烈的爱情，来得有意思，来得有意义。

直到大三，我才感觉自己真正开始成熟了一些，觉得应该把精力聚拢在一个点上，这样人生才会有厚度，自己才有资本。那应该聚拢在哪个点上呢？我发现是：写作。所以，接下去的时间里，我几乎拒绝掉了所有与此无关的“项目”，而是专心致力于提升写作的能力。

一方面就是更多的时间沉下来读各种书籍，充实自己的底蕴；另外兼职一些与写作有关的工作。比如替别人写演讲稿、写论文，不仅可以挣点小钱，还可以积累自己的写作经验；而另一方面，也开始尝试各种文学创作，像剧本、诗歌、散文，各种文体都尝试，并且还有不少在报刊上发表并获了奖，大学时代通过自己的努力，我也有了自己第一本十六万字的小说，我逐渐发现，我在写作这条路上已经开始走远了。而那些曾经自己写下的作品，都是实实在在的才华，为我毕业就业时提供了最好的证明。

大学时期正值人生最好的岁月，年少精力还足够旺盛，耗费一点也无妨。而且人生并没有完全笔直的路，人们多多少少要走点曲曲折折的弯路。但是人越长大，精力就越有限了。当你踏入社会之后，你还不珍惜自己的精力，任意浪费，那么，岁月将会无情地证明你的错误有多么离谱。

一般而言，大学毕业之后，只要在一个方向上真的奋力拼搏，不断积累的人，坚持五到八年的时候，都会获得自己大学时期根本不敢想象的薪水，爬到一定高度的位置上，并且成为这个行业里的佼佼者。为什么会这样？道理很简单，因为你把所有的精力都集中在一件事情上，你就会越积越厚，到了一定的时期一定会爆发，这是逃不开的自然规律。

而相反，那些没有耐心极其浮躁的人。今年做这个行业，觉得这个行业不景气，明年就赶紧换一个，跳到了另一个行业。好不容易做了两年，有了一些积累，又挡不住眼前诱惑，去干了另外的事情，这样的人将终生难以有成就。更有甚者，觉得就要遍地开花，把自己包装成一个“集团公司”，同时做着不同的事，结果也必定一件也做不到最好。

你要拼搏，但千万不要把自己搞的看上去很拼的样子，忙这个，忙那个，遍地开花，时间全部被挤占，身心永远是疲惫。真正的拼搏应该是认准一个方向，在这个方向上的持久努力。你越早找到你的方向，越早开始行动，你的人生会拼得越来越轻松。

与团队齐声呐喊，齐头并进

有一种拼搏——

不同于个人的拼搏。是集体式拼搏。如今时代，一个人要真正抵达远方，不得不依靠集体。搭上团队的这艘船，找到自己内在的生命价值，也明确集体的光辉使命，然后与船上每一个人齐声呐喊，齐头并进。

夜幕降临之后，人们纷纷开始着手下班，告别一天的疲惫，回到自己温暖的家。位于科技园区的那幢高层写字楼的灯光会一盏一盏地熄灭，变成与黑夜一样的颜色。而其中有一层，却是不一样的亮色。哪怕到了晚上十一二点，从外面看上去这一层依然灯火通明，每个人都在不停地忙碌着。

晓亮告诉我说，每个晚上，唯一亮灯的一层一定是他们。我不解地问，你们老板这么变态，一定要你们加班啊。他说，不是，老板从来不强制要求。我又问，那你们的工作上班时间做不完吗？非得要下班之后再继续接着再做？第二天做不行吗？他也说，不是，但是如果不抓紧时间让产品升级，等待他们的命运就是“死亡”。

从来只听说过有人积劳成疾死亡的，却没有听说过不抓紧时间会死的。我相信很多人都难以理解。尤其是那些习惯了过安逸生活的人，更加无法深入体会。真是隔行如隔山，不在一地混，不是一家人啊。后来在明白了，在科技技术领域竞争，完全不同于其他行业，彼此之间比的就是速度。早一秒，你会活得很好，晚一秒，你不仅没肉吃，而且很快会饿死。

前几天，团购网站竞争很激烈。一段时间内，风起云涌，数千家网站同时存在。每一家都想活得好，但是好日子不多，几乎一夜之间，很多家网站或关闭活被别人吞并，以各种形式纷纷死去，活下来的，没几家。

晓亮所在的，是一家成立没多久的教育科技公司。在这互联网+的一年，教育培训行业也纷纷进军互联网。公司老板原先深耕线下教育长达十年之久。在线上教育风云而起的这一年，他抓住时代的机遇重新启程，未来会是什么样子，完全不知。

一家新成立的公司，除了老板和几个核心管理层人员外，几乎所有的员工都是新招募的，为什么大家都会这么拼命卖力地工作？有时候想想也真是“奇迹”。我想，或许跟“个人基因”有关，搞网络技术的人，本来身上就具备一种“一头钻进去，半天出不来”的特质，还跟“企业基因”有关，“企业基因”也可以说是“老板基因”。

晓亮告诉我，那个时候的老板已经身价不菲，完全可以坐享清福，但是他却拒绝过这样的人生。选择重新启程，没日没夜地投入到工作中，那段初创的时期，每天都持续工作十八小时以上。身为老板没有任何架子，办公室就是一张很简单的桌子，跟员工们一起吃盒饭。

老板都已经拼成这个样子，自己不加个班都嫌丢脸了。

老板的行为本身就非常具有感召力，人们自然会以他为榜样，向他看齐。有很多人对于工作是应付的心态，而另外一群人则是享受工作带来的乐趣。两种不同的心态，也往往会决定不同的命运。应付了事是一种极其危险的态度，浪费自己的生命，也祸害企业的发展，但是话说回来，企业中存有这样的人，老板也是有不可推卸的责任。

这家公司员工数量不多，但是每一个都尽心尽责。原因有很

光鲜背后，尽是苦难；光芒背后，
尽是暗淡；光耀背后，尽是失败。

多，第一是在招聘的时候就会擦亮眼睛，寻找与自己气味相投的人，第二创造良好的企业文化，让每个人都真正意识到努力工作并不是为公司，而是为自己。当然还有很重要的一点是，身为老板是不是以身作则。

现在的时代已经不再是单打独斗的时代了，现在的社会，个人的拼搏依然很有价值，但是要成就大气候，就不得不依靠整个团队的拼搏精神。“众人拾柴火焰高”，当一个团队中所有人用尽所有力气，朝一个方向迈进的时候，这种力量无人能敌。

我的朋友晓亮，学计算机软件工程出身，当时离开了原先的公司，跳槽去了这家新公司，开始了没日没夜的“不正常生涯”。我有一天很不解地问他为什么。原先的公司已经进入了平稳期，自己也拿到了相应的高薪，可以过得很愉快了。但是进入这家刚创立的公司，什么都没法给你保证，你也不确定未来会怎样。

他的回答一开始让我很讶异，但是随后想想也是颇有道理。他说，在那里，没有了方向也就没有了动力，虽然很稳定，但是老板开始整天游手好闲不务正业，同事们也都自顾自己各自为政，早晚会没有希望。而在这里，虽然像是一个刚刚起步的婴儿，但是老板亲自挂帅冲在前头，所有人目标一直往前冲，你不知道这样的快感。

快感，没错，他用的就是这个词。这种快感光靠一个人拼搏，是无法获取和拥有的。必须得在一个和谐美好的团队中才能得到。这个团队的所有人都坐在一艘巨大的航船上，老大坐在船头用力划船，底下的所有人也都使出所有的力气奋力向前，坚持不住的时候，看看周边的同伴们，看看最前头的老大，你敢放下手中的划桨吗？

但是，所有人在一起使出最大的力气，一定远远超过每一个人使出力气的总和。团队的拼搏，胜过每一个个体的拼搏。当所有人一起划桨前行，看到超越一艘一艘航船的时候，那种快感，比看到美景还要舒适，比看到美女还要刺激。

晓亮说，他们每夜每夜这样集体加班，集体拼搏，迅速让企业奔腾了起来。半年不到的时间里，产品升级八次，完成五轮融资，估值两亿美金，成为行业的神话。他们并没有停下来，他们知道现在知识和思想迭代的速度之快，要想有所作为，想要让这个时代留下你的名字。停下来就是死亡。我路过科技园区的时候，唯一亮灯的一层确实还是他们。

我想，如果只有老板一个人在拼搏努力，在加班，晚上亮灯的只有一间房，这家公司不可能拥有如此迅猛的生命力；如果所有人不情愿地勉强地被逼加班努力，他们也创造不出生命力和奇迹，只有所有人由内在驱动，发外在拼力，才能形成“火力”。

有一种拼搏，应该不同于个人的拼搏。虽然时代依然需要个人式的英雄人物，但是更离不开团队式的拼命组织。在这样一个时代，一个个人要真正抵达远方，不得不依靠集体的拼搏。搭上团队的这艘船，找到自己内在的生命价值，也明确集体的光辉使命，然后与船上每一个人齐声呐喊，齐头并进。

确立核心优势，再去忘我拼搏

有一种拼搏——

是先建立自我，再追求忘我。在拼搏的路上，先确立自己的核心优势在哪里，广而告之，让大家都知道。吹牛皮不一定是坏事，有时就是告诉别人自己很牛。但是之后，要对吹过的牛逼真正负起责来，这样你才是真的牛逼。

2012年年末的时候，我独自一人从上海跑到杭州，在两岸咖啡约见了一位从未谋面的语文老师。初次见面，一直从傍晚的7点开始聊到凌晨1点，咖啡馆关门之后，又跑到车上去聊，聊了整整五个小时。最后考虑老师的身体，才结束了这第一次的谈话。

我们的相遇其实非常偶然。彼时，我已经在原来的培训学校辞职，办起了自己的语文教学工作室。当时也是年少冲动，趁着自己还算年轻，也没掂量自己几斤几两，就开始了创业的道路，没想要启动之后，就遇到了很多不曾遇见的麻烦，到处找“救兵”。

我是在网上无意间翻到这位项老师发布的一个帖子。帖子无非就是他语文工作室的简要介绍，但是对于语文学科、教学理念以及课程的安排写得非常详细、专业，让人阅读完之后有一种非常信服的感觉。帖子底下留了电话号码，我就直接拨了过去。

对方是一位将近50岁年纪的老教师。透过聊天能感受到对方的睿智，还有温和。简单了解之后，我觉得非常有必要前往杭州去见一面，讨教一些经验，于是才有了本文开头说到的见面。

第一面的印象与我想象的几乎一致。鼻梁上架着一副黑框眼镜，一身黑色呢大衣，披着一条围巾，看上去很有学者风范。只不过比我想象的要更加瘦弱和苍老。

项老师于80年代毕业于北京师范大学中文系。那个年代的北师大中文系说出去可谓是牛气冲天，现在名气很大的于丹就是和他同时期毕业的。项老师的中文功底自然非同一般。所以他才有底气辞去大学教师的公职，才有底气开办自己的语文工作室，也才有底气自己决定招收什么样的学生，不收什么样的学生。

项老师是一个非常牛逼的人，也是一个非常拼命的人。我见到他那会儿，他自己的独立工作室已经运作了一年多。唯一的营销手段就是在当地一个知名的论坛的教育板块上发帖子做广告，只不过他会每天都在自己帖子底下跟帖，从不间断，我写这篇文章的时候又去点看了下，还是一样，每天雷打不动。这或许也彰显了一种毅力。

从最开始到我见到他一年多里，他的学生数累计已经超过两百人。星期六和星期天两天的所有时间从早到晚全部被排满，没有任何的空隙。而他没有任何一个员工，也没有任何一个助手，从始至终所有的工作都由他一个人完成。这在当时的我，包括现在的我，都是完全无法想象的。当然，这样超负荷的工作，让他病倒了。我们见面的那天，那还住在医院里，是从医院跑出来与我相见的。

稍微了解一点教育培训行业的人大概都知道，数学和英语是补习需求量最大的两门学科，而语文一直是偏远的冷门。因为很多家长和学生都会本能地认为语文根本不需要补习，一是因为语文成绩的提升在于自己多看多读多写，二是语文补习见效很慢，或者可以说补跟不补没什么两样。

但是有两百多个初中高中生求学在他的门下，有的甚至还要千里迢迢从外地赶过来，这到底意味着什么？意味着两百多个家庭对他的充分信任，意味着他的实力经过了时间的检验。家长们只有那么一个孩子，在孩子身上投资多少都值得，但是家长的眼光也是很挑剔的，他们会反复确定自己给孩子所选择的是不是最佳。

项老师给我的指点是：无论做什么事业，都应该顺势而为，而不是去迎合需求。就是得先建立自我，你得先确立自己的核心框架和核心优势，如果没有这一点，你去迎合需求来作为，你会做得特别辛苦，路也走不多远。这是其一。第二是建立之后，要追求忘我，一直闭上眼睛往前冲就是了。

我看了一下他的宣传介绍，通过文字介绍就可以看到他，看到他的核心价值。截取部分如下：

教学理念：以思维训练为目标，以能力训练为导向，以坚持积累为基础；以基础训练为基本要求。

语文信念：每一个真正重视语文的学生，并愿意坚持努力的，都能学到巅峰状态的成绩。哪怕你现在的基础是30分。但没有个人意愿，个人不愿意下功夫，那老师就束手无策。

上课三大重点：写作、阅读、文学文化思想积累。

再列举几大原则：

不退学费原则：不能中途退出，以家长慎重。个人因不可抗拒因素退出的，给予退学费。如家长持有不同意见的，请勿报名。

谨慎报名原则：原则上，民办学校因住校太忙，或因学校地址和家庭住太远，路上耽误时间太多，其实对孩子来说学习效率太低。请谨慎报名。

坚持诵读经典：欢迎能每天坚持诵读经典 20 分钟的同学，家长也能认同并督促的，欢迎前来报名。诵读经典，最少需要坚持两年到三年时间，才能见明显效果。所以，请家长想清楚这个问题。

现在很多培训学校应学生需求而生，有些学校为了更漂亮的经营业绩，就会使出各种手段。讨好孩子，送孩子们礼物，陪孩子们玩，让来的孩子们觉得开心；讨好家长，夸孩子聪明，反正尽最大力量夸赞，没有哪个家长不喜欢自己孩子被别人夸的。然后，家长刷卡交钱。但是，教育很可能就不尽如人意，没有效果，看不到成绩，最终家长孩子还是会走人，口碑也会越来越差。所有的迎合，到最后都是一场空。

其实无论哪个行业，很多地方都充斥了各种迎合心态。刻意去迎合别人，可能会贪图了一时之利，但是不会有长远的发展。就像追求女孩子一样，你费尽心机、竭尽所能，去讨好那个女孩子。光是讨好，你根本得不到她的感动，哪怕有一时的感动，她还是不会接受你，因为她回头想想，还是找不出你身上有什么吸引她的亮点。因为，你没有建立自己。

项老师的工作室命名为“万里挑一”，从名字里就可以看出他对自我定位之霸气。他要成为一万个语文老师中最好的那一个，就先把自己设想成那样的一个。可以，你以为其他语文老师都是吃素的，都是混混的吗？只会吹牛逼是不行的，还得为吹过的牛逼负责。光建立了自我也不够，还得追求忘我去实现。

别人或许会以为，培训老师在周六周日的时候确实很忙很辛苦，可是周一到周五，平日人们正常上班的时候，都是很空的啊。如果你这么理解就完全错了。看书、备课、批改作业、指导修改作文，事情忙起来，绝对比周末上课还要劳累。可是只有这样，才能出成绩，见成效。牛逼在一开始就吹出去了，有了一种“势”，然后顺势而为，对吹过的牛负起责任。

有一种拼搏，是先建立自我，再追求忘我。在拼搏的路上，先确立自己的核心优势在哪里，哪怕暂时不够，也得想清楚自己潜在的核心优势，并且广而告之，让大家都知道。吹牛逼不一定是坏事，有时候你就是要告诉别人自己很牛，但是之后，要对吹过的牛逼真正负起责来，这样你才是真的牛逼。

敢对全世界说：舍我其谁

有一种拼搏——

是一种担当，告诉别人“这个时候，我必须出现。”“这个地方，我肯定能行。”这种拼搏，是一种精神力量，对世界说：“舍我其谁？”

那一年，是我所在公司蓬勃发展的一年，公司以上海为总部向周边城市迅速扩张，想要抢占市场先机，但是脚步迈得过大，也容易摔得更疼。那一年，也是我所在公司遭遇困难最大的一年，老板在那一年得了很严重的抑郁症。

南昌市场是当年开拓的城市之一，派去南昌的老大是一个空降兵，我没见过这个人，但是听同仁们说起，这是一个牛人，自己曾经白手起家做公司，两年内将公司卖掉，实实在在挣了好几百万。但是这位能力超强的人，人品就没那么靠谱了。他在南昌待了半年之后，把该捞的钱全部捞走，居然带着整个运营团队集体出逃，另起炉灶，留下一堆的烂摊子。

南昌的市场运作半年多，投入将近千万的资金，不可能说丢弃就丢弃。但是这个当下之际，谁肯来接手这样一个烂摊子呢？通过猎头立马招一个城市总监，一开始还需要对我们企业有个了解和适应的过程，处理不了这个摊子，显然招聘不是最佳方案。所以老板决定马上从公司内部管理层物色人选。

坦率地说，人都是有私心的，这个时候，管理层每个人都会打起自己的小算盘。这个摆在眼前的烂摊子，是个机会，但更是个挑战。做了好，当然可以更加树立自己在公司的威信和地位，但是万一砸了，不要说原先拥有得将荡然无存，也许只能卷铺盖走人，不可能再有任何回旋的余地。不少人在犹豫不决。

就在众人犹豫的时候，老赵主动出击，跟老板说，他去。老赵是我们上海地区的城市总监，负责整个上海地区的具体事务。我当时就是老赵招进去的。老赵这个人个子不高，胖嘟嘟，外表看上去憨态可掬，并不精明。但是确实是公司的一员猛将，老板的得力助手。上海现在能够这么稳如泰山，稳健发展，还不是老赵打出来的江山？

他主动提出要去南昌的事情，得到了总裁办的同意。任命书立马下达，老赵同志担任南昌地区负责人，兼任上海城市总监，即日生效。老赵从上海带了几个他信任的人去南昌，其中一个是我。

启程前一天，他请我们吃饭喝酒一聚，我们几个特别不解，就问他，我们实在看不懂你，坐镇上海不是很舒服的事情嘛，为什么偏要自找苦吃。老赵酒喝得有点微醺，开口就骂人道，这帮人都是怂蛋，公司有利，大家都抢着争着，公司有难了，就缩头乌龟似地躲藏起来，算什么男人。我老赵是这样的人吗？

说完之后，我们沉默了一阵，随后稀里哗啦掌声响起，酒杯举起来，敬老赵是条真汉子。也许，相同特质的人才能聚集在一起共事，跟着老赵干，我们心里都觉得踏实。因为老赵是一个有担当的人，天要是真塌下来，他一定一个人在上面顶着，真遇到什么事情，老赵肯定能够扛得住。

虽然现在社会多是以成败论英雄了，但是就冲着老赵当时那种豪迈气概，那个“此时此地，舍我其谁”的魄力，哪怕最终失败了，我们所有人都会觉得虽败犹荣，老赵依然是我们心目中的英雄。当然，老赵的出马，最终算是力挽狂澜，在很短的时间内，让南昌分公司起死回生，不仅挽回了损失，而且还挽回了信誉。

那会儿最主要的问题，其实是人心涣散，军心不稳。就像带队伍打仗一样，如果自己军队里的人，一个人一个想法，都想着随时开溜，那么主帅哪怕再英明神勇，这个仗也是没法打。老赵很清楚，他就任第一件要做的事情就是稳定人心。

当时南昌虽然看上去像是“阵亡”，但还是留下来几位“弟兄”。他们后来也坦言，那时候其实是持观望态度的，如果来者无能，就真的准备走人；但是如果还有点希望，那就继续待下去。老赵和我们的到来，当然是让他们顺利地留了下来。他根据当地的市场环境和行业现状，重新制定了内部工资标准体系，让大家更加看到了希望，于是也更加有了干劲。

有魄力有担当的人身上，会自然地散发出一种强大的人格魅力。而领导的这种人格魅力，关键时刻要远远强过任何制度，兄弟们都被自然“征服”，所有人一心只想跟着老赵好好干，因为只要好好干，美好前景即在眼下。我当时心中就在惊叹，不愧是老赵，真有一手，看上去好像已经成功了一半了。

其实不然，那个时候他内心承受的压力是巨大的，因为他说，全公司上下多少双眼睛都盯着他这儿看呢。有些人就等着看好戏呢，就等着他出洋相呢，谁叫你自己要出风头。当然这些他自然可以不理会，但是每周要向老板汇报进展，老板可不是傻的。所以那些天，哪怕工作到再晚，他都会叫上几个人出去喝点酒，这或许是舒缓压力的一种方式。

内外得兼顾。内部“大手术大开刀”式治理同时，外部更有一堆事情要应对。当时出了这样丢人的一件事情之后，公司的形象在当地已经非常不好，一副所有人想要你赶紧走人的样子了。老赵的公关交际能力也是非常强的，这部分我并没有参与，但是没多久，我们就听说他公关了一个政府部门，新闻媒体也都很配合宣传，维护老客户，开发新客户，让利客户，真诚地对待客户，逐渐有了更多的单子，企业的经营业绩在不断攀升，形象也逐渐变好，在当地业界的名声日渐响亮起来。

那时候，虽然上海地区有副手代理事务，但是老赵定期还得跑回来主持一下工作，不得不两地来回奔波。那段在身边的日子，我看到原来身材圆润的老赵，一下子“苗条”了很多，也苍老了很多。真正的辛苦不是表面上的，有时更是内心的；真正的辛苦不是体力的，有时更是脑力和心力的。

那段日子，我一直觉得老赵很拼，也一直以老赵作为我的人生榜样。有时候，此拼搏彼和拼搏是完全不能相提并论的。那个时期，公司里其他一些老大们，哪怕用尽心力把他们地区运营得再好；而假如老赵尽了心力，有可能公司最终还撤离这个城市，我还是觉得老赵之拼更有价值，更值得我学习。

所以，有一种拼搏就是，在别人都怂的时候，你勇了；在别人都怕的时候，你敢了，在别人犹犹豫豫的时候，你坚定不移了；在别人做看客观望的时候，你扛起事情去做了。这种拼搏，是一种霸气，告诉别人："这个时候，我必须出现。"这种拼搏，是一种魄力，告诉别人："这个地方，我肯定能行。"这种拼搏，是一种精神力量，对世界说："舍我其谁？"

这样一副烂摊子，在老赵的治理下，内部关系理顺了，内部人员心齐了，外部环境优化了，外来业务增多了。半年时间已经完全正常运转，到年底最后一个月的时候，已经顺利实现了盈利。

老赵回来之后，我们就听到一个好消息，老赵被纳入了总裁办，升级了，拥有了更高的职位。这真算是一种众望所归。我们心里很高兴，那些本来打算看戏的人也只能闭口不言，或许心里也是默默佩服。

荣誉不是别人给的，而是自己通过拼搏争取过来的；威信也不是别人给的，而是靠打硬仗逐渐建立起来的，成就更不能靠别人获取了，每一个小小的成就都需要你拼尽全力。关键时刻，人们需要你的时候，一定要懂得挺身而出。扛得住重物的是大力士，扛得住重压的是大英雄。

总要付出代价，哪怕很大

有一种拼搏——

要你付出代价。这个代价，可能是你一去不复返的青春，可能是你宝贵的生命健康，也可能是别的什么珍贵的东西。你只有付出这个代价，才能拼到那个目标。

如果你告诉我，你的拼搏不需要付出任何代价，就可以轻松得到你想要的。那我会毫不客气地告诉你，请别玷污了“拼搏”二字。所谓拼搏，就是要付出一定的代价，来交换你想要的结果。这个代价，可能是你一去不复返的青春，可能是你宝贵的生命健康，也可能是别的什么珍贵的东西。

丁岚年轻时候是一个有着漂亮脸蛋，婀娜身姿的姑娘，身后一帮男人争着献殷勤。尽管外表柔软，但是她骨子里却是男人的性格，做起事情来雷厉风行，坚决果断，敢拼，敢闯，渴望做出一番功绩，实现人生价值。

在她二十七岁那年，她跟谈了两年的男朋友到了谈婚论嫁的地步，两人情投意合，两家门当户对，这桩婚事被所有人都看好，也几乎成了定局。但很多事情就是那么邪乎，几成定局的事情最后也会鸡飞蛋打，黄了。

那个时候，单位有了一个去西藏某县锻炼的机会，按照常规来讲，只要一回来，就可以得到提拔。但是去那个偏僻的县城，不是一时半会，不是十天半月，而是至少三年，说不好得五年。丁岚跟男朋友说，自己特别想要这个机会，想去。男朋友显得有些犹豫，男朋友的父母更是坚决不同意，觉得女人干嘛要那么好强，太好强的女人不好，她要是去，这事儿就黄了。

丁岚内心挣扎了一下，还是递了报名表，后来过了考核，过了体检，就待出发上路了。男朋友的父母气得要死，但是男朋友对她感情深厚，两人约好了，三年之后从那边回来，两个人立马结婚。

事情总是多变的，很多事情并不能如你想象般发展。一开始，到了那边，男朋友还经常来信，关心这个问候那个；她也乐意跟她讲那边与众不同的事情，别具特色的景色。但是感情敌不过时间，更敌不过距离。两人后来渐行渐远，疏离，陌路。

此番去西藏，一去就是出人意料的五年。当年说好的等待，后来想起来，都觉得是一个笑话。回来时，当年的男朋友早已经娶妻生子，拥有美丽的妻子、可爱的宝宝和一个幸福的家庭了。她没有了再去惊扰他生活的资格。

没有人能够想象，那几年她独自在偏远地区的情景；更没有人，能够体察到她那时候的心境。一个人，一个陌生的环境，无依无靠，全部要靠自己。首先是那边的生活条件很糟糕，房子是泥瓦房，冬天漏风还会特别冷，语言环境也不好，一开始他们说话什么也听不懂，只能靠手势和眼神来交流；那边的伙食也是吃不惯，好几次不得不饿着肚子…..说出来，是一堆的苦水。

但是你若问她，当年的选择是否后悔时，她会坚定地告诉你，一点儿也不。这斩钉截铁的回答，铿锵有力，掷地有声，容不得别人半点质疑，其实也没有什么好质疑的。因为她觉得那边的人们都特别质朴，她去了之后就一直把她当作亲人一样看待，那边跟自己家乡比起来特别落后，她曾经所学完全有了“用武之地”。

原本三年期限结束，她应该回去了，但是她在那边三年的工作给当地带去了实实在在的改变，当地的百姓联名要求她继续留下，她碍于乡亲们的情面，无法拒绝，最后又留下来两年。她的事迹也马上传遍了当地的每一个乡村和城镇。

回来之后，她成为了当时当地最年轻的女处长，后来“官运亨通”，仕途一路顺畅，在四十出头的年纪，当上了最年轻局长。这个似锦的前程，不得不说跟她青春那五年的付出息息相关。那几年特殊的生活和工作经历，为她增加了不少“政治资本”。“处长”不是任何人给予她的，完全是靠她的青春与努力拼来的。

让她值得骄傲的倒不是得到了什么处长、局长的职位。而是在她最好的年纪里，遵从自己内心的选择，把青春与热血洒在最需要的地方，让人生发挥出了最大的光，让年轻时候的生命有了不一样的色彩。

此后，也有人给她介绍过优秀的男士，但是总感觉缺少了些什么。也有优秀的男士追求过她，但是最后还是被她予以拒绝了。遇见合适的人，却不在合适的时间；在合适的时间里，却再难遇见合适的人了。时光荏苒，岁月蹉跎，日子飞快，从三十跨越到四十，一下子飞到了四十八的年纪了。如今还未结婚的她已经抱着单生主义的信念，打算就自己这样过下去了。

她膝下无子无女。如果她放弃去那边，当时就结了婚，现在或许孩子都早已经上大学了，有个孩子陪伴在身边，是件多么幸福的事情。人们常说，对于一个女人来说，最重要的也许是一个幸福的婚姻。有丈夫、有孩子、有家。而这些她现在什么都没有。她为她当初的选择付出了“惨重”的代价。

任何一种选择，都是以放弃另外一种选择为代价的。人总不能“鱼与熊掌，两者兼得”。在那个当下，她要为她自己的人生用力拼一次，她做出那种选择也是一种思考之后理性的选择。当时的放弃是暂时的，只不过放在时间的长河中来看，这个暂时变成了永久。最终让她终身不婚，这个代价在身边人看来太大。

所有的拼搏，都要付出一定的代价。你想要在高考中取得好成绩，考上一个心目中的名校，你得付出你整个花季的时间代价，所有的娱乐和休闲你只能放弃了；你想要追求到你心仪的姑娘，你得付出你所有的精力和耐心，你心中的梦想或许得暂时放一放了；你要照顾好你的家庭、妻子和孩子，抽出更多的时间来陪伴他们，你就不可能全身心地把自己扑在事业上面，你的事业没法理想地发展，就是代价。有的人还付出了生命的价值，但是看到她的生命曾经发出过光芒，哪怕只是昙花一现，也总好过一生的黑暗。

所以有一种拼搏，要你付出代价。这个代价，可能是你一去不复返的青春，可能是你宝贵的生命健康，也可能是别的什么珍贵的东西。你只有付出这个代价，才能拼到那个目标。

别人无动于衷时，去做了就行

有一种拼搏——

其实很简单，就是当你身边所有人都还无动于衷的时候，你已经着手开始去做了，并且用心地把它做到你的最好，就可以了。

我就读的大学是一所以理工科为主为强的综合性大学，学校的前身名字叫东北重型机械学院。听着这个前身的名字，你就会知道在这里念中文系这个专业得多无趣。学校之所以开设中文这个专业，完全是想给重型机械加些点缀吧。我们在这里读书，早已经没什么憧憬。

事实上也是。在我们入学那会儿，这个专业才开设没几年，这个专业第一届毕业生刚刚踏上社会，不知道他们会怎样度过毕业后的日子，当时的我祝他们不会被社会摧残死。我那会儿特别有退学复读的念想，想着凭借自己的实力，再努力一年应该可以上个更好的大学，挑个更理想的专业。可是没想到第一次大会时，系主任李教授的一句话就把我的念想全部打消，他说：你们已经上了贼船，别再想着逃跑了。好好念吧。

我没有专门做过调查，但是我知道，很多人的第一志愿并没有填报这个专业，很多人是被迫调剂过来的。而且有相当一部分人，想要换专业。那个时候，像经济、法律都是比较热门的专业，哪怕行政管理都行。但是很多人都只是心里郁闷，嘴上说说，想过、说过，也就很快罢了。我们都在这条“贼船”上“随波逐流”。

但有一个人例外。她叫苏紫涵。

这是一个很文静的女生，长得瘦瘦小小，穿得土里土气，平时话也不多，所以我也几乎没怎么跟她说过话。但是我知道她读书很用功，成绩一直很好，反正每次考试我分数肯定没她高。但是第二学年开学的时候，她正式办了手续，转去了日语系就读，让所有人尤其是男生们哑口无言。也就是那个时候，我才真正知道，只有她一个人真正实现了“换专业”的目标。

我们很多人都只是语言上的巨人，整天口号式地呼喊着要完成什么要实现什么，还有些人只会在微信朋友圈里晒一些很励志的语句。但却都只是行动上的矮子，根本没有迈出自己行动的第一步，更没有一以贯之地坚持。而苏紫涵——我们班这位瘦小的真正的成功是不断地成长，而成长跟外在的物质条件无关，成长是内心的获得，是心灵的愉悦，是精神的富足。这种成长，只有在一路的学习可以带给你。

女生却走了完全相反的路：我们平时从来不曾听说过她要换专业，但是一年后，她用事实证明：她实现了心中的目标。有的时候，拼搏就应该是这个样子。

毕业后，因为她熟练的日语技能，她成功地拿到了北京一家日资企业的offer，开始了外企小白领的光鲜生活。在大都市的几年生活，完全让她得到了蜕变。有一年我去北京出差匆匆见过一面，这个当初土里土气的小姑娘已经完全“改头换面”了，穿着打扮非常精致，没有一丝之前的痕迹。而彼时，她已经是一个两岁孩子的妈妈，在北京有了自己的家。现在她应该是过着她想要的生活了。

当年的我们都曾有过想换专业的冲动，为什么没有任何一个人得以实现，而唯独她。原因很简单。我们都没有去做，只有她去做了。

在当时要想换专业也不是没有可能。按照学校的政策规定，在大一的时候，如果想要换专业，可以填写申请表提出申请。但是有个硬性条件就是，在本专业的专业考试成绩排名必须在年级前三名，才能获得资格。如果这个条件没有符合，一切也就免谈了。这些东西是不会有老师主动来跟我们讲的，所以苏紫涵的第一步做法是，先去校领导那边做详细的咨询了解。

知道这个政策之后，接下来要做的就是，争取每次考试都考进专业前三。我们系当时总共有五十五个人，要考进前三名的概率只有百分之五点多，概率并不是很大。反正像我这样的是根本做不到。但是苏紫涵却做到了。看来人有目标和没目标就是不一样。像我这样没什么目标的人，有兴趣学得好的学科分数高一点，不感兴趣的就马马虎虎混个及格就行。但是苏紫涵可能是受目标的指引。我发现她好像每次分数都能考到九十分以上。我印象中《文艺理论》这门课程理论性非常强，是最难学，我勉强混了个及格谢天谢地，而她居然也能考到九十。所以，第一学年下来，她的专业成绩排名是年级第一。

她顺利地拿到了“换专业”的入场券。

但是这个时候，往往是会有一些因素来让你动摇的。比如，自己专业的系主任就会跑过来说服你，你看，你本专业可以学得这么好，以后一定也有很好的机会啊。比如，对方专业的系领导也会给你设置各种考验，告诉你外语学习不像中文，会很辛苦，要好好想清楚。还有来自自己内心的摇摆。换专业，真的一定好吗？

后来有一次我们聊天时，苏紫涵对我说，其实我内心一点都没有什么好犹豫的。早就想得一清二楚的事情，要不然干吗要那么拼命非考到第一。我回答她，我们都很清楚。你不光是本专业能考到第一，而且日语专业如果同意让你参加考试，估计你也能考回个第一。

我这么说她其实一点儿也不夸张。因为就在这一学年里，苏紫涵同学不仅仅是学习了我们中文专业，而且还拿到了日语专业的课程表，只要跟本专业时间不冲突，每一节日语专业课她都是最认真的“旁听生”。如果时间冲突，她就会把遗漏的课程通过业余时间自学补回来。所以，她用一年的时间，做了两年的事情，而且都做到了最好。

她这么做是有她自己的考量的。像我们中文系很多考试，只要考试之前翻一遍书，背一些要点就完全可以蒙混过关。但是日语不一样，它的学习有循序渐进的过程，如果不会，那就是不会。所以提前的学习就是为将来铺路。

按规定，她这样跨专业过去必须重新从大一开始学习。所以她的大学就要比我们多读一年。但由于她早已经把大一的课程学完了，并且学得像模像样，跟日语系的老师也早已混熟了脸。所以，接下来那一年，她一边学习大二的课程，一边参加大一课程的考试，顺利拿到该拿的学分。最后的结果是，她与我们同一年一起顺利毕了业。

我们总爱说不满意就改变，但有些人不满意在改变；我们总爱说为梦想要奋斗，但有些人为梦想在奋斗；我们总爱说趁年轻要拼搏，但有些人趁年轻在拼搏。其实，无论是改变、奋斗还是拼搏，都无需用过多的语言来说，就像真正的爱一样，而是需要我们实实在在地行动，真真切切地在做。

你以为的拼搏也许是用尽全身的力气去争斗，你以为的拼搏也许是豁出自己的生命去厮杀，你以为的拼搏是不是还有一种“拿命换钱”的冲动？要得到自己想要的东西，实现自己的目标，坐以待天，天上当然是不会掉下来的。但有的时候，拼搏并没有你想象中那般血腥。有一种拼搏，其实很简单，就是当你身边所有人都还无动于衷的时候，你已经着手开始去做了，并且用心地把它做到你的最好，就可以了。

绝境处，自己开出一条路

有一种拼搏——

是绝望时刻的用力一跳。人生某个阶段，风雨降至，灾难来临，你会突然长大长高，担起所有的责任，拼进最后一丝力气，因为你已经没有路，只能自己开掘一条路出来。而这条路一旦开通，无限光明。

初见她时，你会被她的美丽迷倒，从她的外表看去，仿佛花季少女，你根本无法猜测到她的真实年龄。但当你逐渐熟悉她，了解她的经历之后，你就会觉得这个人原来历经了沧桑，曾经甚至一度站到了死亡的边缘，但绝路逢生，经历过生命的磨难之后，她反而走出了一条更加闪耀光芒的道路。

我认识她的时候，她是一位瑜伽老师。我们在一家健身馆认识，我们都叫她小余老师，由于彼此相谈甚欢，也就渐渐地成为了好朋友，后来也就知道了她更多的故事。

那年她正处女生最好的年龄，但是当时少不更事，把甜言蜜语当作美食往自己肚子里灌，把嘘寒问暖当作关怀往心里装，稀里糊涂地就嫁了一个男人，生下了孩子。如果时光可以倒流，她死也不会嫁给这样的男人。

这究竟是一个怎样的男人？我没有见过他，也无从得知，但是从她的嘴里说出来的是，结了婚之后，那个男人就是抽烟喝酒赌博玩游戏，总而言之就是不务正业，不知道挣钱养家，孩子也不管不顾，随后还染上了毒瘾，败光了家里所有的钱。

后来，这个男人得了一种奇怪的精神病，在家里就知道乱摔东西乱打人，她身上到现在还留有被打过的痕迹。一开始还拿着自己攒下来的钱带他四处看病，但是病不见好，打人也越打越厉害，随时都能感觉到生命危险，公公婆婆还特别不理解他，态度蛮横恶劣，所以无奈之下只能离婚。

她最丢弃不下的是两个女儿。男方是想要两个女儿，但是小余老师觉得把孩子放在他身边更危险，费了最大的劲把孩子的抚养权拿到手。大女儿待在老家读书，平常由外婆照看；小女儿跟在自己身边，平日放在幼儿园老师家里，周六日带在自己身边。

如果时间再往前倒退十年，不是三十四岁的年龄，以她的容貌和气质，身边肯定围满一大群追求者，哪怕是现在这样的年龄，也不缺乏很多真诚的追求者。但小余老师面对之后的爱情和婚姻很有自己的原则，无论哪个男人，接受自己的同时必须要接受自己的两个女儿，如果不能接受，那就一切免谈。别人一听说，也就都一一撤退了。

当年，男人的堕落，婚姻的失败，甚至面对生命的威胁；如今，离了婚的女人，两个小孩的牵绊，孤身一人留落在大上海，无亲无靠，没有钱，也没有学历和能力。这样处境对于一个女人而言，几乎就算是绝境了。

但是偏偏有一种拼搏，就叫“化绝处为逢生”，换个说法就是“置之死地而后生”。如果当年她丈夫能干又疼爱，生活幸福，她或许还是一个什么都不会的小女生，但是命运给了她绝境，却也激起了她的奋发。她历经万难，找到了自己拼搏的点——发展瑜伽教学培训事业。

我们的很多日子都是悄无声息的，在这悄无声息的岁月里，我们的生命也暗淡无光，不用说什么生命的色彩。因为日子平坦，也便想不起要拼搏。直到有一天，站在了悬崖峭壁上，我们才想起自己身上还有一个独门武器——叫拼搏。

她开始教瑜伽为生为计，也缘于一次偶然的机会。有一次，朋友带她去瑜伽馆练瑜伽，她练得比谁都快，动作比别人做得都要标准，有很多人主动来请教她，她教得也特别有耐心，很多人都喜欢她。老板就给了她一个课程，让她来教。

后来有越来越多的人来请她。她在许多不同的地方都有兼课，她非常辛苦，常常要在路上来回奔波，上海那么大，有的时候这个地方下了课，匆匆忙忙赶去另外一个地方，一路的地铁和公交，得花上两个小时，感觉像是跑去另外一个城市一样。但是相应地，赚的钱也越来越多，她靠自己的力量，足够养活自己和两个女儿了，她对未来很有信心。

或许瑜伽真的有美容的功效，也或许乐观的心态才是生活最好的武器。尽管她的日子看上去很辛苦，但是她好像每一天都精神抖擞，神采飞扬，越来越有活力，也越来越年轻，我们看见，时间在她身上仿佛倒着走。

偶尔空闲的时候，会找我们朋友们聚一聚，聊一聊。我们都会隐隐觉得她不容易。一个三十多岁的女人，在上海独自一个人，要抚养两个女儿，她妈妈身体不好，还得花钱给她看病。

苦，都是因为只有一个人。但她从来不愿主动提起自己的往事，好像那些过去的伤心事都没有发生在她身上，好像所有的苦难都早已烟消云散。她整个人就是乐呵呵的，给所有人都带来快乐。当然，乐，也都是因为只有一个人，不用依靠谁生活，就不用看谁的脸色度日。

我们倒是会劝小余老师，找一个可靠的男人嫁了，女人，不管怎样得有一个家，完全自己一个人也不是一回事。她也没说不要，没说不好，只是说，没有遇到。说的时候，完全是放松的状态，我猜想心境也该是一种自由的状态。她的人生，或许到了一种，我渴望却不可及的境界。

我们每个人都会有绝望的时刻。那种时刻真是难受得不行啊。明明是大白天，却感觉像是黑云压城暗无天日的，明明是晴朗天，却感觉自己头上的天空刮着寒风下着暴雨，觉得上天怎么对我这么不公平，要给我这样的惩罚，觉得自己真的快要活不下了，还不如一死了之，以解烦忧。

真的有人就寻了短见的，也有人郁郁寡欢，从此人生一蹶不起的。但是有另外一些人，却是在枯草中开出了最灿烂的花，在冷风中迎来了最亮丽的风景，在黑暗中终于迎来了最美的朝日。“沉舟侧畔千帆过，病树前头万木春”刘禹锡的名句，是很多人在绝境中奋起的真实写照。

每个人都会遭遇一段像悬崖一样的道路，像绝境一样的旅程。

它说不定就在什么时候突然降临来到你的面前。我看过一个电视节目，有一个漂亮的女人，当年懵懵懂懂嫁入豪门，过起了想要什么就有什么的日子，但是很快遭到了男人的嫌弃，一纸离婚书将女人“扫地出门”，这个时候，她为了要两个孩子，净身出户，可那时已经不再年轻，又什么都不会，人生完全掉进了一个绝望深渊，但是她靠拼搏很快走出绝望，她找到了一条属于自己的路，做奢侈品代购，生意做得特别好。她的一转身特别华丽，但没人知道她转身之前的用力。

有一种拼搏，是平常日子里并不会有的拼搏，而是绝望时刻的用力一跳。平常的日子过得太顺，我们反而忘记了要用心去经营，努力去争取。但是人生某个阶段，灾难来临，风雨降至，你会突然长大长高，担起所有的责任，拼尽最后一丝力气，因为你已经没有路，只能自己开掘一条路出来。而这条路一旦开通，无限光明。

肆

第四章：选择一种适合你的拼搏路径

找到适合自己的奋斗方式

这是一个包容的时代，自然也是一个多样化的时代。这真是一个好时代。

不同特质的人汇聚在一起，构建了一个极其丰富多样的社会。这个丰富多样的社会，让每个人都可以找到属于他的成功。

拼搏的本质相同，都需要坚持不懈，持之以恒。但拼搏的方式却可以因人而异，各放光彩。不管白猫黑猫，抓到老鼠的就是好猫，不管你用什么方式，最终通过拼搏，到达了胜利的彼岸，都是成功的人生。

有的人一开始就找准了自己的方式，奋斗起来自然也就先人一步，就像有的情侣彼此一见钟情，情投意合，爱起来当然更欢愉。而有的人，找到适合的方式却需要一段时间摸索，起初磕磕绊绊，一旦找着，就立马事半功倍。

寻找适合自己的奋斗方式，也就是寻找自我。你得对自己特别诚实，知道自己是什么，不是什么。不要耳根一软，什么成功故事都往自己耳朵里灌。要知道，别人拼搏的方式，并不适合你。因为你们根本就是完全不同特质的两个人。

性格内向的人，可能适合在书房里搞创造，你要耐住寂寞，拿出你最终的作品，让别人服气；性格外向的人，可能适合做销售搞公关，你要八面玲珑，处事得体，让别人高兴。

技艺高超的人，可以做“点”，在你这门技艺上下足工夫，一样会很牛逼；善于经营的人，可以布“线”，架构好组织，摆平好关系，让别人替你干活。

观念超前的年轻人，可以用最先进的思想，干最潮流的事，干别人看不懂的事，干冒险的事；观念传统的中年人，可以依靠自己总结的经验，做自己最有把握的事情。

一无所有的人，可以冒险一搏，反正输了等于什么也没输，赢了可能就赢了全世界；万事俱备的人，需要反复权衡，精细计算，因为你背后需要负责的人还有很多。

条件优越的人，可以走“直线”，有人帮你沿途铺好路，做好了各种准备，你只需直线前行；条件不足的人，也许只能走“曲线”，你得花更多时间走更多的路，这实属无奈，但幸好都可以抵达目的地。

……

那么，问题就是你得先认识你自己，分析你自己，以及了解你当下的处境，你才有可能按照你自己的样子，画出一份属于你的拼搏路径，才有可能以最快的速度成全你自己。

条条大路通往罗马，种种方式走向成功。关键是，找到你自己，找到适合你的奋斗方式。

另一种路径：曲线救国

有一种拼搏——

是曲线救国。你不是上帝的幸运儿，只能选择另外一种路径。这条路，没有人愿意走，因为要过日夜颠倒的日子，或者还有可能比这更惨。但是你用力挺过一段时间，你发现，你已经换来另外一片天地了，你发现，你原来也抵达了最初渴望的目的地。

这户人家姓陈，原先是这个村庄最贫穷的人家。穷乡僻壤本没有什么可开发利用资源，也没有什么就业机会。人穷志短，一家四口人守着自己家里那一亩三分田地，生活也就是饿不死人而已。破旧的泥瓦房已经年久失修，暴雨来临的时候，家里得放好几个盆子接水。外面下大雨，里面下小雨，连换个瓦片的钱都拿不出。

通过知识改变命运，在那个时候的陈家已经不具备条件了。

老陈和他妻子都是小学文化，几乎大字不识一个。本来盼望着两个孩子能争口气，无奈女儿和儿子都不是读书的料，一个中专没读完，一个干脆初中念完就罢休了。

人穷总归是要被人瞧不起，不管是什么原因穷。有的人可能就会用眼神或者是语言表示轻蔑你，这不好受；有的人会给你点粮食衣物接济你，这更难受。所以要改变现状，就必须要通过拼搏由穷变富。

不过几年之后，人们看陈家的目光全部都变了。眼神中不再是嘲讽和轻蔑，而是钦佩与羡慕。他们家祖宗留下的泥瓦房全部推倒，买下了隔壁相连的房屋之后，原地重建了一座四层漂亮精致的小洋房，小洋房的底下建了三个地下车库，除了妈妈之外，其他人各买了一辆气派的小汽车。

不是天上砸下馅饼掉到他们头上，他们并没有中五百万彩票，也没去打劫银行抢劫金店。在这期间的很多年，他们一家四口人背井离乡来到省会城市，干起了一件格外辛苦的事情——做起贩鱼的生意。

我并没有经历过贩鱼这样的事情，身边也没有人做过，只是听说这件事情特别辛苦。辛苦到什么程度呢？就是要过起日夜颠倒的日子。因为做贩鱼的买卖必须都是在夜里，所以他们凌晨十二点一点的时候，就必须从被窝里爬起来，开车出去货源地进货，再拿去批发市场上售卖。全部的忙碌几乎都在夜色中进行。而等到天亮了之后，别人都纷纷出门上班之际，他们才回到自己的家，吃个饭，开始睡觉休息。

这样的日子，一天两天也许还会有一点新鲜感，但是长年累月，人肯定没法消受，身体精神都会慢慢出现异样。所以，虽然很多人知道这件事赚钱，但是很少人真正敢去触碰，能够坚持做下来的就更少之又少了。

有的时候，我们也想为了人生去拼搏去奋斗，但是我们迷茫于找寻不到拼搏的方向，我们疑惑于到底是否拥有奋斗的资本。如果我们原本一无所有，我们还拿什么去拼搏？如果我们内心毫无力量，我们的奋斗是不是会成为笑话？

有一种拼搏，就是去做大多数人都不愿意去做的事情，去付出一般人没法给到的付出。这里面的疼痛和辛酸无人理解和体会，但这之后的收获和回报也无人得到与品尝。命运总是公平的，你做出的牺牲，会以某种形式回馈于你。

也许每个人都会说，以牺牲健康作为代价的拼搏，是一种并不值得的拼搏。前半生拿命换钱，后半生便只能拿钱去换命，这笔帐总体算来并不值得。但是值不值得，每个人都有自己的衡量。

他们如果选择一直贫穷，也并不一定会一直健康；而他们如此拼命，也未必就一定会染上疾病，虽然这样日夜颠倒的日子让他们更显苍老，但是他们对自己的命运有了更高的主宰权和更多的选择权，当他们有了一定的原始积累之后，他们完全可以选择走另外一条更轻松的道路。而这段拼搏的历程，就可以称之为“曲线救国”了。

陈家一家四口干这贩鱼的买卖，感觉就像开了一家贩鱼公司似的。公司成员总共就他们四个人而已。陈妈妈负责做好后勤保障工作，给他们做好饭菜收拾好家，陈爸爸负责联系货源地，儿子开货车，女儿管理摊位。分工合作，各司其职。偶尔彼此也会“轮岗代班”，所以尽管是份辛苦的差事，一年到头也没个休息日，但是倒也没有坚持不下去的时候，而且一家人一直在一起，也是其乐融融。

最起初的那段时间，他们在杭州这个大城市租了一间农民房，房租便宜，但是条件就没有楼房好，但来自农村的他们倒也很知足了，日子过得也很舒坦。在那里租住的都是外来的打工者，都在一个陌生的城市为自己的生活打拼，邻里之间相互串门，没有隔膜，感觉就像生活在一个温馨的大家庭中。

一开始做的小买卖，慢慢地有了回报。收进口袋里的人民币变得越来越厚，他们在批发市场租了一间四个平米的批发摊位，买了一辆二手的货车。每天凌晨出动，跑去附近小城，把那边鱼塘里的鱼装得满满一车，拉回到批发市场，再批发给各地的经营户，虽然辛苦，但是一来一回，赚的钱翻了好几倍。

他们有了更多的钱，可以过上更加享受的生活。他们完全可以换一套更加舒服的房子住。但是他们却并没有这样做，依然住在农民房里，把钱一次一次存进银行账户里，他们知道，钱不能拿来享受，钱还有更多的用处。所以，他们的钱最终拿来造楼房，买汽车，让村里人看到了翻天覆地的变化，让自己过上了舒适体面的生活。

干了三四年之后，他们把这个生意转让给了别人，自己甩手不干了。因为他们也意识到了，日夜颠倒的生活再继续过下去，将严重影响到自己的生活质量和生命健康。自己已经通过奋斗，改变了命运。再拿钱换命式地干下去，就丧失了意义，钱是花不完的，钱是工具，钱已经让自己拥有了想拥有的，钱就不应该再成为束缚自己的东西。

后来他们一家人还是回到了老家，用赚来的钱在老家投资开了家超市，经营得不错。后来逐渐发展，慢慢成了连锁超市，几乎开遍了当地所有的农村地区。在当地也小有名气，完全摆脱了当时日夜颠倒的日子，过上了真正正常而理想的生活。

回头想想，这种拼搏真是一种“曲线救国”式的拼搏。当时如果直接想开超市，一没有资金，二没有经历和阅历，哪怕开起来恐怕也很快倒闭。所以那个时候，他们听说了这样一门生意，没有人愿意去做，其实他们自己也并不愿意去做，但是无奈之举，做，是为了有资格可以不做。

所以，有一种拼搏叫作“曲线救国”，你想要挣脱贫穷的现状，你渴望改变失败的命运。你多么想直接抵达你的目的地，但是你并不是上帝的幸运儿。这个时候，你只能选择另外一种路径去抵达。这条路，没有人愿意走，因为要过日夜颠倒的日子，或者还有可能比这更惨。但是你用力挺过一段时间，你发现，你已经换来另外一片天地了，你发现，你原来也抵达了最初渴望的目的地。

勇敢逃离当下不满意的自己

有一种拼搏——

演的是内心戏。一种心理在跟另一种心理在较量，一个大脑在跟另一个大脑在火拼。你在体内拼得你死我活，你想着总得给自己个交代，做出一点改变，于是勇敢地逃离当下那个不满意的自己，换另外一种方式去追寻，那个让你满意的自己。

我初见这位陈校长时，他已经年近五十。那张脸历经岁月沧桑，但写满的都是睿智和平静。他是自己创立的培训学校的校长，底下有近一百位教师职工。十多年前，他在一所高中任职英语教师，如果按照他当年的人生轨迹，即使他费劲心机，恐怕也难以爬到公校校长的位置。

到这一年为止，陈校长经营的这家英语培训学校已经走过十个年头。这家英语培训学校在当地独领风骚，颇有名气，现如今一切都已经顺风顺水，学校总共学生三千多人，年纯利润达到千万以上。他没有打算再向外扩张，所以现在几乎都不用做什么事，偶尔出去开个会议，见见世面；在自己学校里，就和教师们聊聊天，谈谈心。剩下的时光，就是好好陪陪太太，陪陪儿子了。这惬意的生活，让很多人心生向往。

让时光倒转回 2000 年。我们站在现在这个时间点看，那年完全就是他人生的华丽转折点。那一年，他隐瞒了父母，毅然辞去了高级中学英语教师的工作。这在当时绝对算得上一份体面的工作，很多人是根本没法得到的。因为他辞掉高中英语老师的工作，父亲都有将近半年没有跟他说过一句话，觉得儿子这样的举动实在是太冒失，不知道儿子以后的出路在哪里。

其实那会儿，辞了职的陈老师自己也不清楚未来出路在哪里，他自己也看不清未来的样子。当年杭州大学英语系毕业之后，他就顺理成章地回到了老家，在一家公立高中当起了英语教师，一切看上去四平八稳，本应好好工作，结婚生子，过上平淡幸福的日子。

但是当他在这所学校待了将近十年之后，他觉得日子了无生趣。身边的老师们为了评个职称，相互之间勾心斗角，向学校领导阿谀奉承，他本性非如此，干不了这样的事情，更看不惯别人这样的行为。于是，活在这里的每一天，都变成了压抑自己人性的日子。

那年他已经将近三十五岁。人们都说男人三十而立，而那时候的他还并未成家，没有家庭的温馨，当然也没有妻儿的牵绊。不是没有姑娘看得上他，而是他一直没有等到他想要的爱情。因是自由之身，所以可以任性决定自己的命运。

每个人人生追求的目标不一样，比如在那个时候那个学校的那些老师们，有的人努力从一个普通教师做到教研组长做到学校副校长，一步步通过自己的努力向金字塔塔尖攀爬，是一种拼搏；有的人不辱教师育人的教师使命，努力钻研教学，教出高考状元，带出学科精英，培养出一届又一届有出息的学生，也是一种拼搏。

而那时候的陈老师一下子迷茫起来，不知道自己究竟想要什么。他只有一个强烈的念头：他不喜欢那个时候的自己，他渴望逃离那个时候的环境。哪怕多待上一天，他都觉得是对自己生命的摧残和浪费。我们很多人的人生像温水煮青蛙一样，很难逃脱环境对我们的束缚，尤其是时间久了之后更是变得混混沌沌，不知所为。陈老师勇敢地辞掉工作，买了一张飞往美国的机票，去了地球的另一端，开始另一个新鲜的生活。有的时候，敢于逃离并不是满意的自己，也是一种别具意味的拼搏。

所有的拼搏，都要付出代价。你只有付出这个代价，才能拼到那个目标。

尽管迷茫，看不清未来的样子，但是对于当下他还是有清醒地认知。他的这一番举动，不是所谓出去走走散心，更不是自甘堕落。他知道自己有杭州大学名校出身的背景，又有着十年高中英语教师的经历，英文水平完全可以和母语国家的人无障碍交流，而且十年工作也有了不少积蓄，所以在美国的生活根本不用担心。

此番出走美国，他并不是漫无目的，其实也有自己的考虑，就是不停地给自己“充电”。那时候，中国的发展脚步已经不断加速，与世界的关系也越来越紧密，他隐隐觉得英语将在国内有更大的应用，虽然说不出具体，但是这种直觉他始终存在。

时间是最不留情面的家伙，不会因为你的特殊而慢走一会，等你片刻。在美国一待就是将近五年的时光。这些日子里，他一边在美国的一所学校里教授中文课程，一边自己翻译点英语文学作品，同时参加研究生课程的学习。日子过得异常充实，那段时光里，他还结交了不少的美国朋友，更加深入地了解了美国当地的文化。而这些都为他今后的发展打下了扎实的基础。

回到国内之后，一时半会也没想好做什么事情。一个将近四十岁的男人，尽管有着丰富的背景和经历，但是骨子里还是一个读书人，一位教书匠。他一边在家休息，一边帮忙带几个朋友家的孩子英语。因为上课风趣幽默，深得孩子们的喜欢，又有着深厚的英文功底，家长也非常信任。所以，越来越多的孩子送到他家里来，请他教。他“被迫”开起了一个英语培训学校，把那么多的孩子聚集到一起学习英语。

在他四十岁的年纪上，他遇到了他生命中的真爱——她的太太。她的太太虽然是个离过婚的女人，但是相遇的那一刹那，他感觉到这是上帝送给自己生命最宝贵的礼物。他们很快有了一个儿子。而且太太是一个很精明能干的女人，在她的协助下，最初创立的培训学校茁壮成长，逐渐做大做强，在激烈的竞争中，脱颖而出，成为一枝独秀。

陈校长从最不满意的自己那里逃离出来，经过一番波折，终于拥有了一个最满意的自己。拥有足够的自由，不用再看别人的脸色，也不用受谁的束缚，更没有人跟他勾心斗角，争一个职称，争几百工资。他拥有了自己的事业，自己创下的英语培训学校涵盖了新概念英语、牛津英语、雅思托福等众多课程，做到了当地的行业第一；而且遇见了四十年都没有遇见的妻子，拥有了幸福的家庭。

事件没法假设，时光无法倒回。我们没法再回到过去，顺着时间，让另一种可能再来一遍。如果他当时没有“出逃”，按部就班地将生活向前推移，现在或许也拥有另一种幸福的可能，当然也可能在那样的环境中一直格格不入郁郁寡欢，难以遇见满意的自己。

面对当下那个很不满意的自己时，究竟该怎么办呢？是熬？是逃？有人会选择煎熬，终有熬出头的那一天，或许慢慢地，自然而然地，就会在时光中看到亮光，在生命里望见希望；也有人会选择逃离，离开那个不喜欢不满意的自己，去寻找另外一种可能。

所以，有一场拼搏，演得是内心戏。你是自己的一种心理在跟另一种心理在较量，你是自己的一种大脑在跟另一种大脑在火拼。你在你的体内拼得你死我活，异常激烈，但外人并不能察觉，也根本无从知道。但你要清楚，你总得给自己一个交代，你总得做出一点点改变，勇敢地逃离当下那个不满意的自己吧，另一个让你喜欢的自己，需要你换种方式去追寻。

关键时刻，你要能全力顶上

有一种拼搏——

就是关键时刻，有人缺位了，你一定要全力顶上，

这样机会就是你的了。这需要你平时练就好本领，

关键时刻有好心态，随时做好能替代别人的准备，

但是永远让别人无可替代。

有了新欢，就忘却了旧爱。自从有了微信之后，微博已经被自己废弃了很久。前段时间，找到自己原先的微博账号，登录一看，发现以前好多旧友还在活跃着。一个个翻看，其中一个人发的微博，引起了我特别强烈的兴趣。

他发的每一张图片都是有关迪拜，写的每一段文字也都是在迪拜的见闻，没错。他一直生活在迪拜，而且从时间上来看，已经不止两三个月了。如果是去迪拜度个假，顶多一两周也就回来了，可从微博上看俨然是在那边定居的感觉。

他叫赵迪，是我大学校友，比我高一届，所以称师兄。当时在校园里就是个风云人物，担任学校电视台的主持人，每天上镜，而且学校里只要有大大小小的晚会，基本上都交给他来主持，颇有才华，人长得又足够帅气，很多人都很喜欢他。

没有多大的交集，当时我在学校报社，偶尔工作上有些联系，还有一些共同的朋友，仅此而已。毕业之后，知道他去了南方一家知名电视台工作，基本上就没有什么联系，只是学校会拿他做宣传，经常还能听到他的消息。估计为学校争光的人，都会得到学校特别的喜欢吧。

后来我才知道，他去迪拜不是度假，也不是定居，而是去那边做一档特别的电视节目。这档节目是为他量身定制的，节目的名称就叫做《赵迪看迪拜》。将迪拜的景致、美食、人文通过拍摄采访带给国内的人们。

他虽然当年在我们学校里叱咤风云，颇有名气，但我们学校毕竟只是一个理工科为强的学校，那会儿还没有播音主持专业，怎么跟那些专业名校里出来的人拼呢。再说了，所有人都知道演艺主持这一类的道路，就像是千军万马过独木桥，要杀出一条血路来，是非常不容易的。

赵迪是怎么拼杀出这样一条道路出来的呢？他当然很有梦

想，他当然也很拼。那会儿就能经常看到他，只要是跟主持有关的比赛，他都尽量腾出时间备战参赛，也尽最大的努力拿奖归来。可是，毕竟这样的人不是也很多嘛？

后来一次吃饭上聊起他，朋友们才说到成功的秘诀。他们说，这个人的“撒手锏”，就是随时找着机会替代掉别人，然后做到最好，让别人无可替代。这可真是一把好的杀手锏，我当时听了之后有种恍然醒悟的感觉，但恐怕都是说起来简单，做起来难。

平常时候不停地拼搏，是为我们积蓄力量，以期有资格拿到比赛的入场券，平常游游荡荡，不学无术，想着可以“临时抱佛脚”，你是连门票都拿不到的。但是关键时候的一拼，能让我们甩开对手，登上那座领奖台，接受荣誉与掌声。

每个人的一生总有几次好的机遇，所谓好的机遇就是这样的关键时候。有些平时不拼的人早已经被淘汰了，但为什么总有些平日一直奋力拼搏的人，到了关键时候却总是“掉了链子”，然后抱怨命运的不公呢？而另外一些人在这个关键节点上，奋力一跃，就到了另外一个新的高度。当然这奋力一跃没有想象的简单。

有一种拼搏，就是这样的“奋力一跃”。这个时刻，就是在一个位置上的人暂时缺了席，急需要一个替代他的人出现，而这个时候很多人是未做好准备，更不敢尝试的。一旦你上，并且成功了，你就获得了这样的机会。

当时电视台来招聘是有很多人应聘的，为什么偏偏录取了并非科班的他？专业表现好是一方面，更关键的是，他在招考老师临时有事无法应付之时，巧妙地做了他本来要做的事，让电视台领导看在了眼里，觉得此人可用。

作为刚到电视台的年轻人，电视台是根本不会让你独自采访，更不会有出境主持的机会。哪怕你真的才华横溢，领导也得磨一磨你的性子，看看你到底是不是块料子。最开始的时候，顶多也就是抗抗相机，打打下手，这个样子。

当时台里策划了一档全新的电视节目，正在进行紧张的录制准备，节目的主持人自然是台里主持大哥。但是很不幸的，在节目录制开播前几天，大哥左腿严重骨折，住进了医院。节目宣传都到位，不能再拖延，但是一时半会儿，再去哪里找合适的主持？

大哥的不幸成就了赵迪的幸运。他马上自告奋勇地表示，自己可以尝试。像这样一档新节目，一般是不敢随便启用新人的，因为会带来很大风险。而且赵迪因为并没有参与前期策划，对于节目并不是很熟悉，这也就意味着他要在这么短的时间内做更多的功课。

那几天，要看材料，过稿子，跟编导沟通，排演，一大堆的任务本来就让人压力重重，集中在一段很短的时间里，更是让人喘不过气来。因为要做大量准备工作，那几天，每天的睡眠时间都不足三个小时。平时没有过硬的基本功，根本说不出那句“我试试”，说出了领导也得给你打回去；而关键时候，没有顶一下的魄力，没有拼一下的意志，这几天的日子，一定没法扛下来。

节目播出后获得了很大的成功。也许上天垂爱，这档轻松娱乐性质的节目，看上去倒好像特别为赵迪量身定制似的。而赵迪活泼亲切的主持风格，也被大家广泛接受。人们私下都在议论，这张新面孔不错。

大哥三个月之后出院回来工作，赵迪也主持这档节目快三个月了。他自己已经能够主持得驾轻就熟，观众们也都看得习惯了。台领导做出了最后决定，这档节目往后就由赵迪主持。他成了那时台里最年轻的拥有自己节目的主持人。这正是一个“替代别人，让别人无可替代”的励志故事。我相信，类似这样的故事，还会不断地在他人生中继续上演，不断攀上新的人生高度。

被称为“中国好舌头”的电视节目主持人华少，现在已经红得发紫。他在新书《梦想，不过是个痛快的决定》里讲述自己的人生经历，也曾讲到类似这样的故事，就是积极主动，替代掉了别人，从配角变成了主角，于是就真的成就了自己。不再犹犹豫豫，果断地迈出眼下的脚步，就会离遥远的梦想更近。这或许也是华少想要表达的意思。

我们总是会抱怨没有机会。其实也不能怪我们自己，要怪就怪机会穿着一件隐形的衣服，他这样走到我们面前时，我们根本无法望见他。既然看不见，等不来，那要不我们还是自己主动来创造一个机会好了。

没有谁注定一定是干什么的，也没有什么事是注定一定要由谁来干的。就像这阵风吹了这个树，过一会儿，它就会跑去吹一朵花了，它也并没有固定的岗位和职责。大自然无常流动，人类命运也并无衡定。谁都有可能替代了谁。

大自然新陈代谢，本来就是一个新物替代旧物的过程；人类社会也是一个新人替代旧人的历程。在我们成长的途中，我们都要储备好足够的力量，当上面那个位置上的人突然不知去了哪里，位置空了出来，不妨提出申请，上去坐一坐，一开始也许并不舒服，但是习惯了，你会发现比你原来待的地方要舒服得多。

做自己力所不能及的事情

有一种拼搏——

是做自己力所不能及的事情，就像走在刀尖上，走在空中钢丝上一样，你得冒着随时可能掉下去摔死的准备，但是一旦成功，你是英雄。

如果等你有了百分之一百的把握去做一件事情的时候，这个机会早已经不属于你了。如果嗅到了机会的气味，但是也许只有六七成的把握，或者更低只有五成。该出手的时候，也必须出手了，要不然这个机会就是别人的了。

万事俱备之后去做一件事，可以把事情做得四平八稳，但是这样的付出或许谈不上拼搏。我们这个也不具备，那个也不拥有，无论走到哪一步似乎都有各种难处，但是一路上，总能顺利化解难题，最终拿到一个完美的结果。像谍战片一样具有惊心动魄的剧情，每一步都似乎走在刀尖上，步步惊心，最终达成自己的目标，这样的拼搏或许更富有一层意义。

许成林，在上海滩混迹了将近十年，干过很多行业，待过很多公司，也做过许多的职位，高的时候也曾拿过几十万的年薪，但是人生起起伏伏，有一帆风顺的时候，也就有跌倒的时候，在将近三十五岁的年龄上，他依然一无所有。没房没车没存款没老婆没孩子。这样的人生处境，不得不说是一种尴尬。

接下来到底该何去何从，确实让人不知所措。如果从头再来，从底层做起，他肯定无法接受。去企业做个管理者，以他那个时候脾气秉性，要能够赢得老板信任，也难。所以想来想去，只能自主创业，自己来当老板。

可是这又存在问题：第一创业干什么好。第二创业需要的资金哪里来。他是做销售出身，当时我之所以认识他，也是因为他后来到了我们培训学校当校区总监。他对教育培训行业还是非常了解，也做出了一些成绩。那段时间里，他什么也没有干，到处走走看看想想，发现教育培训行业在上海已经迅猛发展，而在他老家的小城市里居然还没有一家像样的培训学校。这绝对是个好时机！他心意已定，决定要在那年暑假前正式开始启动。

而那个时候已经快四月份了，离暑假还有两个多月时间。一个是找资金，一个是找场地。

根据当时的预算，启动资金至少需要三十万，而他身上几乎身无分文，问别人借钱是件很困难的事情；而场地当然要找最显眼的地方，而好地方不容易找，即使找到了，租金也贵得离谱，根本无力承担。两件事都不容易办成。

我们很多人在这样的境遇下，或许根本不会选择去开始，因为无力承受如此的心理压力。即便是开始尝试了，体会到这般苦涩的滋味，也便会很快就放弃掉了。但是许成林不是，他两件事情同时开启。

一方面给熟悉的朋友打电话，告诉他们房子已经租下，项目已经启动，将非常详尽的商业计划书以及股权分配方式发给他们，想尽方法拉他们投资。并且非常有耐心地说服和跟进。至少当时的我被他说动，相信这是一个非常不错的商业计划，就毫不犹豫地掏了钱。

另一方面，他在找房子，迅速地锁定了闹市区街中心的一间两层的商铺，跟房东签订了合同，付了定金，租金一个月内全部付清。那个时候约定租金半年一付，需要一次性付掉八万。他身上根本没有那么多钱，租金都没有任何可靠的着落，就敢先付掉定金，把合同签下来。

做这种“走在刀尖上”的事情，连我现在想起来，还是会心有余悸。我想：要是大家知道他自己那时根本没钱，也许不会有人信任他。因为人们更愿意帮助拥有一切的人，而不会信任一个一无所有的人。要是他签下合同，在规定期限内还拿不出房租的钱，那事情估计也就只能黄掉了。我后来问他，你当初在做这件事情前到底有几成把握？他伸出五个手指说：五成。随后又摇了摇头，伸出另外一只手对我说：不对，是十成。

《诗经·小雅》有云：“战战兢兢，如临深渊，如履薄冰。”现在常常被拿来引用。在我理解中，位高权重的人，责任重大，为人处事必须处处谨慎。才能不负众望。而所谓“走在刀尖上”，也就是说拼搏绝对不是用蛮力，而是需要智慧和胆识，面对不利的情境，调动自己严谨周密的思维，和随时可以承受失败的胆量，将完成游戏一样一关一关地向前走。

这样的事情哪里会有五成把握？无论哪个环节出点问题，都有可能满盘皆输，至少这个暑假前要启动是根本不可能的事。但是虽然外在条件并不成熟，但是加上智慧和胆识之后，大概确实到了十成把握。

“融资”和“租房”两件事情同步进行，只不过是完成了最初的启动，要想一炮打响，接下来的每一步还是得继续在刀尖上行走。因为招生和招老师两件事情都相当重要，也都不是容易的事，而这两件事，他也必须同步进行，才有可能顺利完成。

他没有能力和资源去招到最优秀的老师，因为他这个项目才刚刚启动，根本没有熟悉的人脉，可以直接通往当地最优秀的老师，所以联络起来非常费劲；根本就没有一点生源，没有良好的生源，就意味开不出诱人的薪金，吸引不了最优秀的师资。

他同样没有能力去招到足够数量的学生。教育事业，是件慢活，要给予学生和家长慢慢接受和信任的过程，做教育的生意，也需要时间的沉淀和累积。再加上当时手头又缺乏足够资金，根本也没法做好的营销和宣传。

两件事情都没有足够的能力和实力去做，但最后，许成林却妥妥地都把他们办成了。看着真是步步惊心。他到底用了什么魔法？

很简单，就是先通过种种方式找到最优秀的老师，让他们相信自己有生源，开出当地最高的薪酬，签订协议，让老师没有后顾之忧。很多学生尤其是初中生和高中生，都是慕老师的名跟随上课的。有了最好老师的招牌，招生工作也就变得事半功倍了。第一年暑假就一炮打响，赚了很多钱，也做出了名声。

但其实也很不简单。这种看上去“空手套白狼”的事情，万一一个“剑走偏锋”，很容易前功尽弃，“万劫不复”。我问过他，万一老师不相信你不愿意来怎么办？万一老师请来了，招不到学生，到时候开不出工资怎么办？他直接告诉我，你担心那么多，你永远成功不了。做这种事，需要有做得出，输得起的魄力，其实也离不开细心的洞察和缜密的思考。

我们从小到大一直被灌输的思想是，人，应该做好自己力所能及的事情。但是如果每个人，每个时刻，都做自己力所能及的事，都做百分之百有把握的事情，那怎么成长，如何变强？能力，是在做力所不能及的事情是逐渐被撑大的。

所以，有一种拼搏，有时候也让人颇有一种无奈之感，因为在当下，你并不具有做好它的能力，但是又经不起时间的等待。你只有做自己力所不能及的事情，就像走在刀尖上，走在空中钢丝上一样，你得冒着随时可能掉下去摔死的准备，但是一旦成功，你是英雄。

广泛学习，一路高歌猛进

有一种拼搏——

就是一直在路上学习。你要用尽体力、脑力和心力，才能去完成。但是这种学习本身就会到来巨大的收益：拓宽你的视野，拓宽你的人脉，拓宽你的事业，也拓宽你的人生。

现在的社会处处充满连接，我们需要打开自己的耳目，倾听来自外界的声音，接收最新鲜的资讯。一个人如果单纯只是闭门造车，切断与外界的连接，他将无法提供有价值的服务和产品。而一个人如果闭关自我学习，也将很难学有所成，学以致用。

有些人学习一直在书房，有些人学习一直在路上。杨建华就是这样一个一直在路上学习的人。常常拿起一个包，一张火车票，或者张飞机票，就上路。他上路倒不是说走就走的旅行，而是说走就走的学习。很多时候都是在黎明出发，在深夜回家。

我曾问过他，凭你现在公司的情况，生活的情况，没有必要把自己搞得这么辛苦，没有必要那么拼啊。他说，没有办法，这个时代知识更新速度这么快，不及时补充，随时都可能死掉。他的理念，就是做一个学习型的能力，带一个学习型的团队。

那个时候，杨总三十六岁了，从江苏来到上海十年，早已落户上海，孩子也已经读小学三年级了，在上海运营一家不大不小的学校。认识杨总其实也是一个很偶然的机会，当时我刚刚做自己的工作室，杨总不请自来，想要谈一些合作。杨总儒雅谦逊，自然颇有好感，后来也就有了更多的接触与交流，合作的事情也很顺利。

他在做这家学校之前，曾经经营过一家书店。但是很不幸的是，书店经营了没多久，就不得不关门，导致损失惨重。最初开始的时候，憧憬很美好，想着一年可以赚多少钱，几年就能够发大财。总结当年失败的教训，按他自己的话说就是十六个字：闭关锁国，思想封闭，不思进取，不进则退。

所以，这也成为他后来千方百计要创造机会学习的缘由之一了。只盯着眼前，就看不到远方；只盯着利益，就不会有胸怀；只盯着自己，就不知道别人。这样一来，路只能越走越窄，最后走向死路。而只有保持一直在路上学习，才可以通向真正的远方。

在互联网发达的当下，坐在家里也可以和世界连接，世界上最先进最前沿的知识，都可以通过一部手机和一部电脑得到。为什么一定要多花这个体力，多走这么多路？一开始，我也很不理解。他也觉得没有必要跟我多说。

但是后来的事实，告诉我，他这一路的行走，一路的学习，完全拓宽了自己的人生，也拓宽了他学校的路。没几年工夫，他顺利成为中欧商学院的年轻学生，学校也由最初的一个点拓展到八个点。

因为在现场的学习，是与真人的直接连接，与真人的连接，才是与真实的世界连接。电脑，或者手机，都是冰冷的；而人，却是温暖的，见面时，有力的握手，离别时，轻轻的拥抱；听讲时，丰富的表情；讨论时，争论的气氛，这些都是在现场学习时，无形中感受到的，这些东西很有力量。

因为在集体学习结束之后，彼此就建立了感情，形成了联络，逐渐拥有了更加宽广的人脉，为今后的发展打下了最好的基础。

基本上一年内，我发现他有一半的时间在公司静坐，有一半的时间在路上奔波。出去学习，意味着公司需要有信得过的人来管理，因为军不可一日无帅，出去学习，也意味着要花更多的钱，现在的很多课程都不便宜。而这样的奔波状态，无形中带来了强大的生命力，据我的观察，至少有五个方面：

第一，他的经营管理理念更新了。原本他完全是家族式管理，关键几个岗位上都是自己家亲戚，但是他走出去之后，才发现这样的管理模式实在是好落后好土啊。回来之后，就开始重新治理公司的管理模式和结构。把自己的亲戚们都请走，给最初一起干的几个人切分了股份，招募“管家”，内部管理理顺，学校由内而外散发出活力。

第二，他的业务范围更加拓宽了。有一些学科品牌已经很有影响力，之前也都听闻过，但是真正走出去看了，学习了之后，才发现这些已经走过十几年甚至几十年的品牌真的很有亮点，如果只靠自己的团队来研发，也许花费更多的时间精力成本，也是事倍功半，得不偿失。走出去之后，学习了新的品牌课程，择其更优者加盟之。业务越做越宽，也越来越好。

第三，他的团队素质更加提高了。因为在外面的学习过程中，结实了各个行业各个领域更多优秀的人，资源相互交换利用。他常常能够请到一些重量级的人物来自己的学校，给他的员工做演讲分享。思想的火花碰撞，知识的乐趣感染，无形之中整个团队变得越来越爱学习，也变得越来越优秀了。

第四，他的合作机会更加多了。不少人主动登门拜访，寻求合作。这个产业的上下游都有着各种各样开发合作的机会。如果不走去学习，不见识人，也许还不知道呢。一旦形成好的合作，就可以推动他的学校更加多元化发展，走出一条更加宽广的道路。

第五，他自己的眼界不断开阔，能力不断提高。杨建华说，他很早就渴望有机会去中欧商学院上学，在那边见识比自己更牛的人物。但是自己也曾经申请过，但是申请信被退了回来，不符合条件。而在后来的学习历程中，他直接又认识了商学院的老师，几番交流下来，老师感觉他会是个人物，一番推荐，就被顺利录取了。他以后的道路也一定越走越宽了。

有一年暑假，上完繁重的暑假课程之后，他带着他的核心团队游学美国，整整十天。带他们去硅谷，带他们去斯坦福大学，带他们去好莱坞基地，也带他们去拉斯维加斯赌场。他觉得不应该只有自己在往前走，所有的人都应该走在路上，去触碰最新鲜的世界，去了解最新鲜的知识，去认识最新鲜的人。

有的人总以为，拥有了更高的地位，更多的金钱，更大的权力，才是更好的成功。其实真正的成功是不断地成长，而成长跟外在的物质条件无关，成长是内心的获得，是心灵的愉悦，是精神的富足。这种成长，只有在路上的学习可以带给你。

有一种拼搏，就是一直在路上学习。这种学习看上去是充电，是为拼搏做的准备，但其实，一直在路上的学习，本身就是一种奋力拼搏，因为你要用尽体力、脑力和心力，才能去完成。但是这种学习本身就会到来巨大的收益：拓宽你的视野，拓宽你的人脉，拓宽你的事业，也拓宽你的人生。

周围人都喜欢你，你会力量满满

有一种拼搏——

是努力深谙为人处事的哲学。让自己变得会做人，会来事，情商高，讨人喜。当你拥有了让别人喜欢的能力和魅力，当周围的人都喜欢你，那些喜欢你的人，自然会成为你人生路上的强大助力。

中国是一个非常讲究人情世故的国度，无论在官场、商场还是情场，要想出人头地，有所作为，有的时候光是一门心思做事还真不行，必须会做人。除非你某方面的专业技拼到一定的境界，或许可以“高冷孤傲”，可以“超世独立”，但我们大多数行走在这个世界上的人，都来自凡胎，我们很多人做不到技艺精湛。

就像情商高的男生，会让恋爱中的女友格外幸福快乐，情商高的人，会让身边接触过他的每一个人都感到舒服。因为他似乎有一种奇妙的特异功能，能看懂对方每一个眼神里的内容，能够听懂对方话语中的话外之音，能洞察出对方当下最强烈的感受，能给予对方彼时最渴望的需求，能考虑到一般人考虑不到的方方面面……

我们从小到大历经很多的学习，学习很多门功课，学习知识，学习技能，但是从来没有一门功课的名字叫“做人”。于是，我们很多人学了很多的知识技能，也的确很有拼劲，但是关键时候，机会总是落不到他的头上，最终也落得个一事无成。

我读高中时候的班长阿超，却好像和别人都不一样，站在现在的时间维度向前回望，似乎每一个好的机会都正好砸到了他的头上。他的所有幸运只不过是他拼搏的结果，而他拼搏的最主要武器便是他那强大的情商。

高中毕业，考入大学。我们大多数人都会按规定的时间去学校报到，哪怕提前去的话，也都是由父母亲人陪着，更多的都是想到一个陌生城市看看风景。阿超高考成绩不错，考上了在上海的华东政法大学。他比一般人提前三天来到大学校园里，但他的目的并不是游玩。他想着开学前的这段时间里，一定是系里和学院里的老师和领导们忙的时间，他早已“处心积虑”，要趁这段时间提前与他们接触。这样，一是可以帮助他们做点事情，分担掉一点压力，二是几天下来也几乎跟所有老师都混了个脸熟，有些还建立起了感情。

不要小看脸熟，在中国社会，“脸熟”在很多地方都是一张有用的通行证。所以，在几乎所有同学都还没来学校之前，他就已经抢占先机，再加上阿超平日里做事就素有勤快和细心地特点，他很快给老师留下了好印象，赢得了很多人的喜欢和信任。这简单的三天，为后面的整整四年都打下了一个重要的基础。

情商具有遗传的因素，或者多少要受家庭环境的影响。阿超的爸爸是出租车司机，妈妈是农村妇女，也谈不上多少会做人会来事。我们一群熟悉他的朋友有时会在背后猜想，他的背后一定有高人指点，只不过不知道是哪位高人。但是也明白了一个道理：情商这东西，完全可以通过后天学习来提高啊。

大三那年寒假，我们学校放假早，回老家之前想去上海玩几天，于是就联系了阿超。他非常热情地欢迎我去。我在上海的三天里，他是又出钱又出力，毫不吝啬地陪我玩转了大上海，让我在将近十年之后的今天依然记忆犹新，印象深刻。

那几天晚上，我们没有住在他的宿舍，因为宿舍里没有空调，大学生也没多少钱，没必要去住酒店，所以去了他们学院团委书记的办公室，将沙发拼在一起当作床，睡的觉。晚上，就着酒和花生，一起畅聊过去的时光，和未来的理想。直到深夜，到凌晨。

那个时候，他是他们系的班长，也是学院的团委副书记。“官场”自然非常得意，在学院里进进出出有头有面，要不然团委书记办公室的钥匙不会有他一把，更不会允许我们在那里过夜呀。而每学年下来，他都得拿上厚厚一摞的荣誉证书。无论是学校的一等奖学金，还是国家的一等奖学金，他都毫不客气地收入囊中，其他优秀干部什么的荣誉就更不用说了。他那个时候俨然是整个学校的风云人物，不像我一直只是个小人物。

我说过阿超是个情商很高的人。情商高到一个眼神，就能看懂对方的心思。当时学校有个会议，要团委书记主持召开。书记大人当时手头有一件事忙得焦头烂额，实在脱不开身，顾不过来，但又推不开。阿超看到书记一个皱眉，就完全“秒懂”了。马上说，由他来主持。其实那个时候，阿超事情也很多，但是她特别明白，能够主动帮人解决燃眉之急，就会带给他最大的欣慰和愉悦。

学校的老师们关系处得好，平日感情深厚，自然免不了你来我往，送点人情。有一天，系里一个辅导员老师生日，阿超专门去商店挑了一款包送给她，尽管他那个时候还是个学生，自己也不是很有钱，但是还是非常舍得“下血本”。这款包，原来这位老师一直期待了很久，受到之后自然非常欢喜。

有人可能会觉得这样的行为就是溜须拍马，对此特别不屑一顾。会觉得就是因为社会上存在这样一些人，才让我们的社会有了更多的歪风邪气，才让我们的人民公仆里多了更多的害群之马。我在文章的一开头就说过了，中国社会是一个讲究人情世故的社会，历来如此，你无法推翻它，也无法远离它，所以你只能适应它。

无论是送礼物也好，帮人做事也罢，都只是一种形式而已。我们的目的，是发自真心地希望对方感受到舒适与快乐。我们每个人从本性上都是自私的，情商高会做人的人就会努力去克服自己的本能，因为他能意识到，每个人都是需要被理解被关爱的。如果突破自己内心的自利性本能，真心实意地去觉察别人的需求，去满足别人的需求，让别人感受到了来自你的爱与关心，你自然也会有相应的回报。这种回报并不是功利，而是自然规律。

大四毕业，我们都是匆匆地为自己的前程奔波，为自己的命运忙碌。但是在正式离校的前两天，他却细心地做了一件没有人能想到的事情，花钱去特意制作了一面锦旗，送给所有的老师。并且还自己拿着钉子榔头，亲自去办公室里把锦旗挂好，“一条龙”服务到位。这个时候，一切事情都早已“尘埃落定”，他根本不会图老师什么帮忙，但是老师们可能会记住他一生。

中国再是人情社会，还是要拼实力，实力弱者，再会为人处事，恐怕也没有力缆狂澜狂澜的本事。但是在实力相差不大的情况下，那个会说话、会来事，情商高的人，就会毫无悬念地胜出，因为人们就喜欢这样的人，你其实也是。

有一种拼搏，其实是去努力深谙为人处事的哲学。让自己变得会做人，会来事，情商高，讨人喜。某个时刻，刻意为之，还是会让人觉得不舒服，甚至唾弃；但是如果这就是你本身，当你拥有了让别人喜欢的能力和魅力，当周围的人都喜欢你，那些喜欢你的人，自然会成为你人生路上的强大助力。

怎么才能拥有这种能量呢？有一句话：不要在乎别人的看法，但要在乎别人的感受。就是说，要学会不要过度在意自己，不要过度沉浸在自己的个人世界中，要多想想别人，多了解别人的人生和世界，多帮助别人解决困境，用你的力量让周围人都舒适和愉快。

时代在变，你需要跟上主流

有一种拼搏——

是跟上时代的主流，这个时代，在不断上演着你从未看到过的“剧情”，你不能当作与你无关，不闻不顾。而是要争取去成为这出“时代新剧”的主角，你才能拥有更多的机会。

小童看上去是个很活泼可爱的女生，九一年出生的，四年前我刚认识她的时候，才刚刚二十出头。混熟了之后，我经常会努力“规劝”她，小小年纪应该滚回去好好读书，来混什么上海滩。她总是一副不以为然的样子。

她钢琴弹得特别好，弹指间美妙的音乐就从键盘中飘扬出来，让人心醉，但是读书肯定不好，要不然也不会高中毕业就出来混社会了。但是她死活不承认自己读书不好，说学校里老师特别欣赏她，觉得她很聪明，现在还想叫她回去复读重考了。只不过她实在不想读书了。

她来上海先是在一家女装专卖店当导购员，干了没多久，她就把老板娘给炒了。“老板娘，就是一个傻逼，一点品位都没有，还那么抠门。”换了几家店，她就不想再打工了，问朋友借了点钱，盘下来一家小店，自己当起了老板娘。

有一次，她打电话给我说，心情不好，想晚上叫我请她吃个饭。我在一家火锅店等了她半个小时，她姗姗来迟。我开玩笑说，老板娘，今天到底是谁把你给惹了？她毫无笑脸告诉我，本人不想当老板娘了，有什么好工作介绍介绍给我？我才知道，她自己把她自己给炒了鱿鱼，小小服装店，生意一直不好，每个月都要亏钱，不到半年的时间实在经营不下去，只能关门大吉。不过吃完火锅，我发现她的心情又变得大好起来，嘻嘻哈哈，好像关门的不是她的店，好像找不到工作的人也不是她。

不记得哪一天，她告诉我说，她决定要做微商了。我当时对微商完全没概念，哪怕到现在也不能理解。就是心里想着，这个九零后小姑娘也就是整天没事瞎折腾，爱怎么折腾怎么折腾吧，反正就当是玩了，玩够了或许就会成熟起来。

现在做微商的人真的是越来越多，经常会看到我的朋友圈里不少朋友，每天不停地发产品广告，化妆品、保健品、服装、美

只有团里中的所有人，由内在驱动，发外在拼力，才能形成“强大火力”。

食，应有尽有，什么东西都卖，朋友圈俨然成了杂货铺，让人感觉特别烦人。但又很无奈，鉴于朋友关系不能把她拉黑，有的时候介于面子还不得不帮她转发上一条。

我不知道你会怎么看待微商。但是大多数人可能都认为，微信是一个交友联络的平台，而不是一个做买卖的平台。看到有人不停地刷屏刷产品，免不了就会觉得烦觉得怒。我有的时候会揣测他们这些做微商的人到底赚不赚钱啊，到底能不能赚钱啊。要不然我也尝试着做一下，但犹犹豫豫，还是觉得这个事情不了解，不靠谱，最终也没有去做。

后来，倒是当年趾高气昂的我，实在受不了上海的高压力，灰溜溜地离开了这座城市。而小童却依然坚挺地留在上海，颇有一副要干出一番大事业衣锦还乡的姿态。我们的联系也慢慢变少，唯一的联系也只有微信。

她当时正在做一款化妆品的微商，于是乎，每一天我都会刷到她关于那款化妆品产品的广告。时间久了，就会觉得这人真是好无聊，生活好像除了卖这个化妆品就没有别的什么了。真恨不得把她的朋友圈屏蔽，把她从好友中删除。

我给她发了条信息：你每天这么发无不无聊？就不能发点别的吗？她回我，一边玩还一边能赚钱，多好啊。还极力说服我也上买一套化妆品，没准女朋友就到手了，说服我成为她的代理商。我说，我没把你屏蔽掉就算你的幸运了。其实，那个时候，她靠做微商就已经很赚钱了。

有一段时间，我看见她每天早上都会来一段鸡汤语录，满满的正能量。我每天早上都是喝完她的“鸡汤”再去上班。

比如这一段：“每天都在学习，跟着社会脚步走，而你总是不跟上脚步，明明可以成为先知先觉者，你偏偏要做后知后觉者，明明可以在最佳的时机点做最好的生意，你偏偏反应迟钝做了后知后觉者。”

后来，我发现她的微信朋友圈的内容变了。她开始在朋友圈里展示自己的生活，今天去了哪家餐厅，明天去了那家酒吧，后天去了哪个商场，都会通过照片展示出来，但是和别人不一样的是，无论在哪里的照片，她的手上永远都会拿着那盒化妆品，配上一段她精心设计过的文案。

当时感觉小童这孩子，看上去好像是到处玩玩，但其实是在用心经营她的微商。她把微商融入了她的日常生活，她利用自己的日常生活来经营她的微商。发的每一幅图看似漫不经心，细想来都经过了用心构思。

有一次，看到她发朋友圈上的一个小视频，视频主角是她自己，躺在自己家的床上，身着一件性感的蕾丝睡衣，在向微信上各位朋友介绍她的好产品。我忍不住给她发了一条信息：你的沟都快露出来了。她说，你们男人竟看些什么呢？快帮我介绍我的产品啊。为了推广她的产品，真是不走寻常路，各种手段都能使得出。

我之后有好几年的时间没有跟她见过一次面，只是在微信朋友圈上与她“见面”。她后来不停地在不同的城市来回打飞的，她后来做了总代理，有了自己的团队……通过阅读她朋友圈的内容，感觉她变得越来越能干，也越来越成熟。已经不是当初那个没有头脑没有耐性的小姑娘，而是一个成熟干练的事业型女性了。

她后来到底赚了多少钱，我无从得知；她到底实现了多少心愿和梦想，我也无从得知。但是我知道，如果一个人能够捕捉到时代的机会，能够始终跟着时代主流一起前行，她的人生一定会暗淡。

我们很多人都是越长大，越保守；越长大，越顽固，也就越不能接受新鲜的思想，新生的事物。不单如此，对于新生事物还格外排斥，对接受新生事物者也当成异类看待。在微商刚刚开始流行的时候，就有人跟我提起过，但我本能地排斥。觉得靠微信来赚钱，想赚钱想疯了吧。

但是就像淘宝刚刚兴盛时期，抓住机会做的人早已发了家一样，现在再去开一家淘宝店，或许能做到不亏本就不错了，因为竞争的人越来越多，利润也越来越薄。所以机会，其实就是这一步，你跨出去了，你就赢了，晚跨了一步，你就输了。

时代在变，我们的思想不能一直停滞不前；时代主流也在随时变化，紧跟时代主流才能让我们在现实中活得更加出彩。要不然，我们很可能就要被时代落下，成为一个落伍者。这跟学历无关，有的人读到博士，思想或许还是陈旧保守；这跟年龄无关，六十岁的人有可能微信玩得很转，三十岁的人可能与互联网绝缘。一起在于意识，有没有想跟时代同步。

有一种拼搏，是善于紧跟时代的主流，善于捕捉时代的机会。在这个风云变幻的时代里，不要让思想生了锈丝，停了转动。这个时代，在不断上演着你从未看到过的“剧情”，你不能当作与你无关，不闻不顾。而是要争取去成为这出“时代新剧”的主角，你才能拥有更多的机会。

伍

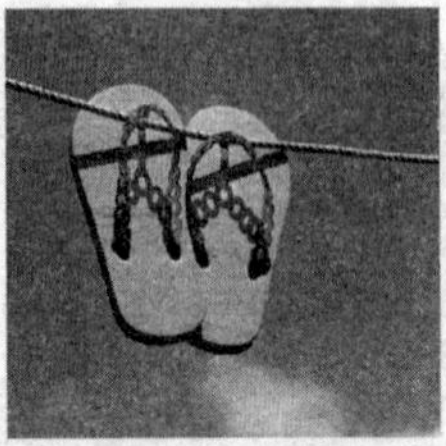

第五章：拼搏者，不会死于一事无成

拼出一个结果给你看

一只老母鸡使出浑身解数，铆足了劲在下一个蛋。可是足足一个小时过去，只听到一声放屁，连蛋的影子都没有瞧见。母鸡的主人或许会觉得，还不如直接把它炖了吃更好。

你在公司里忙里忙外，忙进忙出，天天加班，夜夜苦熬。看上去一副全公司上下你最拼的样子。但最后你弄出来的方案，被主管无情 pass，被老板说成是狗屎，你还不如干脆直接卷铺盖走人。

既然都已经在拼搏了，那么何不再努力一把，拼出一个满意的结果来，给大家看看，也给自己一个交代。

不要以为这个社会都会以善意待你，善意是用来对那些有所成就的人。一无是处的人从来只有被唾弃。这不是世俗功利，这其实很公平公正。

不要以为你的老板会安慰你，会对你说一些没有功劳也有苦劳的话。苦劳，没有劳出任何结果，还不如不劳。他也许很早就盼着你走，只是还没好意思马上说出口。

更不要欺骗自己了。对自己说，虽然我最终失败，什么也没得到，但我至少努力过。天空中留下你飞翔的痕迹，那是你自以为的。你的痕迹又有什么价值?

都已经在拼搏了，就务必告诉自己：一定得有个结果才行。要不然你前面哪怕付出了百分之九十九的力，因为缺少最后这百分之一，结果瞬间归为零。这得多对不起自己啊。

你说你要减肥。你给自己定下了一个目标，多少时间内必须减掉多少斤。你给自己列了计划，要健身要节食。可是你折腾了不少精力，花费了不少金钱，最终竟然一斤没减。

你说你要创业。你写计划书、创立团队、开拓业务，可是突然面临资本困境，你把团队解散，还留下一屁股债。折腾了大半圈，最终居然越折腾越胆小，离自己想要的人生差得实在太远。

你说你要攒钱买房。你今年赚了五万，花掉了四万；明天赚了十万，却花掉了十二万。买房的事情，就一直变得遥遥无期。然后安慰自己说，其实租房挺好的，国外不都这样吗？

你最初设立的目标，并不一定会是你最终达成的结果。因为拼搏的过程瞬息万变，很多事情，我们难以预计。但是我们可以根据实际，不断地调整我们渴望的结果。减十斤太难，可以改成减五斤；做不了大公司，可以做一家小店；买不成大房子，先买个小房子。

很多时候，我们的拼搏历程以不了了之告终。不了了之是最可怕的，也是最不负责任的。

没有任何结果的拼搏，就是白费力气。所以，请记住：你需要拼出一个结果来。

手脚勤快者，都能发财致富

有一种拼搏——

就是手脚勤快。让自己的手和脚像发动机一样运转起来。哪怕你现在很让人瞧不起，哪怕你现在身无分文，哪怕你现在一无是处，你照样也可以发财致富，也可以拥有自己的精彩人生。

去年夏天，我去省城杭州出差四天，刚到的那一天，手机屏幕就不幸给摔坏了，充电口也坏掉了，手机陷入瘫痪，无法与外界接触。那天晚上，我沿着杭州的马路，迫切想要寻找到一家靠谱的手机维修店。

这样，我就遇到了这篇短文的主人公彭大哥。彭大哥就是这家小小手机电脑维修点的老板。他看上去比我大不了几岁，鬓角却已经有了些许的白发，但是给我第一眼的感觉，就是实在，看上去充满激情，好像体内装着永动机一般。

他经营这家修理店已经十多年了，这家沿街的店铺看上去只有十多平米，杂乱无章地堆砌着各种电脑、笔记本、手机和各种配件。这间十多平米的小屋是他事业的发展宝地，也可以说是他生活的全部场所。店铺里搭了两个床铺，店铺门口放着一只煤炉，在这座城市的吃喝拉撒全部“堆砌”在了这里。

我进入这家店的时候，已经是晚上七点多了。彭大哥本人并没有在，他的老妈还在门口烧菜，她的女儿暑假放学也来了这里，在屋里正做着功课，他的老婆守着这家店，告诉我说，他男人出去修电脑，正在回来的路上，让我稍等片刻。

十分钟左右的样子，他骑着电瓶车出现在我面前。他说刚刚去了一个客户家里帮他修了笔记本电脑，来回有五公里的路程。我看他满头大汗就对他说，这么远，你让人家送过来不就是了。他擦了把汗，憨厚地笑笑说，人家上班也蛮累的，我们干这行的，本来就应该多跑跑，没怎么大不了。

那个时候，我就意识到，站在眼前的是一个实在的人，不仅如此，还是一个非常勤快的人。在这偌大的城市中，没什么背景，没什么文化，也没什么特别能力，除了会修手机电脑，也许就只剩下这双灵活的腿脚，还有创造价值的可能。

而他这双腿脚不停地穿梭在这座城市中，从天蒙蒙亮开始到天变暗为止，他或许会要走过不少的地方，走过这座城市的一条一条道路，走过不知道多少公里的路程。几年下来，他已经走遍这座城市的每个角落，熟悉这座城市的每条道路，加起来的公里数，自己已经无法计算了。

换屏幕加换充电接口总共收我两百块钱，他坦言，他一共赚我三十块。我相信他说的话。因为进入这家店之前，我已经问过两家，开口都是要三百、四百的。他顾不上吃口饭，就开始帮我捣鼓起手机来，突然发现有个零件店里没有，想起他徒弟那里有，就要载着我过去那里帮我弄。

我当时虽然想着要尽快修好，但是也不忍心让他一直饿着肚子，所以让他先吃了晚饭再去，反正是晚上时间，也没什么紧要事情。但是那个时候的他显得很执拗，说什么都不行，说，让客户等着多不好意思，没事，一会儿工夫的事，修好了才能安心吃饭。

于是他骑着电瓶车载着我，穿梭过大街小巷，也穿越了各类人群，车速飞快，但也能感觉车技娴熟，或许这条路他已经骑上好几百上千遍了。到了他徒弟那儿，他让他徒弟放下手上的活，先帮我修手机。在徒弟修的过程中，我就和彭大哥坐下来聊了会儿。

他说，他的家乡穷，待在家里没什么希望。这个初中都没读完的人，在他十七岁的少年时期就跟随亲戚出来打工了。一开始的时候，干过各种各样的苦力活，而拿到的报酬仅仅只是一天下来有三顿饭吃，有一个地方能睡觉。后来，才干的修手机修电脑的活，一开始也是做学徒，师傅正是看中他手脚勤快这一点，才不遗余力地将所学教给他，他比别人都要更勤奋，因此也学得特别快。直到有一天，他有了机会“独立门户”。

那时候，他到处散名片，有活儿就接，哪怕再远也提供上门服务，能挣点钱就开心，哪怕一时没挣到钱，也得把服务质量做到位，这样接下来就会有更多的客户愿意找到他。为了多挣钱，就要多挤出时间多跑几个地方，有一次着急赶时间差点出了车祸没命了，彭大哥说想起来还是心有余悸，但是也感慨上天对他还不错。

附近写字楼办公室的人，一旦有什么电脑手机的问题都会打电话找他，而他像“闪电侠”一样，骑上电瓶车第一时间出现，并且第一时间帮他们解决问题。他说，每次他都在心里想着只要赚三十元就足够，有些配件的钱就不赚了。现在的生意已经忙不过来了，他不得不招一些学徒来帮忙。

我问他，这样下来一年能有多少收入？他一开始羞涩地说，没多少没多少。后来一旁的徒弟开口了，一年是不多，几十万吧。

一个大学生奋斗十年，做到企业的高级管理或许能够达到这个年薪。如今的彭大哥，已经在杭州下沙买下一套将近两百平米的房子，打算明天装修好住进去。说着，脸上荡漾开笑容，我都能透过他的笑容看到他未来的美好。

听他讲这些的时候，我的心里其实挺感慨的。一个来自外省市偏远山区的小人物，没有多么宽广的见识，也没有多少深厚的学识，也似乎不见得有什么过硬的技术和本事，但是却能够在一座大城市里自立自足，能够给自己和家人带来幸福和希望，能够完完整整地撑起一个家。真的挺不容易的。

因为学历、见识等种种原因，他没有能力将这家小小的修理铺做大做强，做成一家科技公司，创造出更大的人生价值和财富。目前的成就或许已经达到了他人生的一个极限，但是是他靠自己拼搏得来的。或许他没有深究拼搏两个字的涵义，也根本不愿意去考虑它。

但是他用十多年的人生已经诠释了拼搏。这种拼搏，既非常复杂，复杂到用尽每一天所有的力气；又十分简单，简单到只要不吝惜自己的力气，只要手脚勤快。

杭州这座每日都在大兴土木，日新月异，更趋繁华的大都市里，其实隐藏着许许多多这样努力拼搏的小人物。他们大多来自外省市一些贫穷的地域，他们很多年龄很小又没有文化，他们在这里也许经营了一家小小的广告制作店，也许租了一辆出租车每天晚上跑出租，也许会是建筑工地上头戴安全帽的建筑小哥。他们的人生，都是在拼命的人生。

反观现在的一些大学生，却总是在抱怨工作辛苦，薪水太低，抱怨生活的不如意。其实是眼高手低，眼光放在了世界的最前沿，手脚却一直空置在那里，永远想不到将它们用起来，哪怕用起来，过不了一阵也就很快“缴械投降”，嫌累、嫌苦。

李嘉诚说过，一般人经商，只要做到两点，手脚勤快，嘴巴勤快，都能发财致富。我们不一定人人经商，但是我们人人都渴望拥有理想的人生。

如果把人比作一辆汽车，那么手脚就是发动机。不启动发动机，汽车如何奔驰？不用动用手脚，精彩人生如何启程？所以，有一种拼搏，其实很简单，就是手脚勤快。

用一万块钱在上海买下房子

有一种拼搏——

是一种信念。简单到只需要“简单相信，傻傻坚持”。你现在确实不具备拥有它的实力，但是你相信自己的潜力，你也能够看到未来自己的路。你可以提前拿到它，最终会真正拥有了。

如果你手头有一万块钱的积蓄，你设想一下，可以用它来干点什么。一万块钱，或许可以请客吃好几顿大餐，或者能够买上两件比较有档次的衣服，或者买两套有点品牌的化妆品……在这个钱最不值钱的时代，一万块钱真干不了什么大事。但是，若有人告诉，她就靠手头的一万块钱买下了房子，并且在上海买下的房子，我估计打死你都不相信。

但我要告诉你这是真事，而且这事儿就发生在我的身边。这件事情的主人公，当时我们大伙儿都喊她艳微姐，姑且也这么称呼她吧。艳微姐家乡在黑龙江，是个典型的北方女孩，当时在我们上海公司做人力资源高级专员，主要负责招聘的事儿。工资保密不知道，但我猜测那会儿一个月也就五千上下差不多了。

买下房子的时候，她和男朋友手头加起来千真万确只有一万块。可是，当时艳微姐有种强烈的愿望，想要留在上海。房子早晚要买的，晚买不如早买。上海市中心的房子实在太贵，他们就选择了郊区的。虽然从地图看上去都快要到江苏省，但还是在大上海啊。总价一百万的房子，首富三十万。问亲戚凑了六万，单位的同事们一起凑足了三万。向老板开口借了二十万。

当时公司确实是有政策，管理层级别的在上海买房子，可以申请贷款二十万，两年内免息。但是艳微姐那时候还没符合条件。这事儿关键不在于艳微姐敢开口，而是老板同意了，老板二话没说就签了字，让人家去领钱。让当时的艳微姐签下“卖身契”来偿还的心都有了。

我进公司的时候，她已经在公司干了将近两年，我在这家公司做了三年，之后感觉公司有走下坡路的趋向，就离职走人了。她还在。时间真快，如今一晃离开快四个年头了，打电话给她，她现在依然还在公司，从事人力资源的工作，一家公司，一个工种，一干就是九年。只不过当时的创业公司现在即将上市，当时的高级专员现在已经成了集团总监。

这么长的一段时间里，公司里人来人往，我们当年最初的同事几乎已经走得差不多了，尤其是所谓有梦想有野心的人，换了一份又一份的工作，甚至换了一个又一个城市，历经磨难与沧桑，但有些最终没有找到自己的定位和归属，反倒艳微姐稳稳地把握住了自己想要的生活。

我问艳微姐，当时没想过离开吗，尤其是大家都觉得没有希望没有前景的时候。艳微姐没有“马后炮”，表现先见之明；也没有讲大道理，说自己如何高尚。但是当时老板二话没说借了她二十万，她得还债，她跑不了啊。她是笑着说这句话的，话里有一种调侃的味道。我知道她心里的想法，老板困难时期肯帮助，就得有感恩之心，老板是个靠谱的人，公司早晚会发达。

就是这样一个简单的念头，她就“以身相许”给公司整整九年，从相依为命走到了相亲相爱，走出了一条与众不同的道路。老板亲自高薪聘请过来的人力资源总监，来一个，又走一个，已经走掉了一大批。她坐在副总监的位置上，默默地送走了他们每一个的背影，直到有一天，公司总裁办宣布她为集团人力资源总监。这期间没有感情的意味，如果有，早就可以是了。只是到了这个阶段，她顺理成章地拥有了与之匹配的经验与能力，完全可以胜任。

人们常说，有一种幸福，叫作“简单相信，傻傻坚持”。其实，有一种拼搏，也可以称之为“简单相信，傻傻坚持”。就是不去反复思量，到底值不值该不该的问题，就凭着直觉，相信这个人靠谱，相信这件事可行，相信自己未来美好。然后凭着一股傻劲儿，坚持一条道路走到头，直到走出美好的现实。

有了这样的信念，一切反而变得更加简单，没有那么多的胡思乱想了。房子也买了，家也定了，不用再考虑买房子的事情，也没有了逃回老家去的退路。所以，剩下的事情只有一样，好好把手头上的工作做好，每一件小事都认认真真完成，反而更加心无杂念。人一旦心无杂念，就会真正变得简单和快乐。

我当时始终有要逃回老家的打算，觉得在上海买房子，实在是一件压力很大的事情。有一天，我悄悄问艳微姐，这样买了房子，压力是不是很大？我没直说那些跟人借款和向银行贷款的事情。艳微姐告诉我的是，原先倒是因为没着没落，压抑郁闷，心情低落，方向迷茫，始终觉得心理压力很大，不过买了房子之后，倒是觉得有家了，有着落了，心安了，按部就班往前走就是了。

她说，人，只要有了方向，就不会觉得迷茫；只要方向对了，就不会怕道路遥远。如果不买房子，我们挣的钱也都不知道流到哪里去了，买了房子，钱也跟着有方向。道路也不远，算了算目前的工资收入，加上未来的潜力，最多过个三年的苦日子。

艳微姐说，她最初到上海的时候，住的是上海最老式的筒子楼，几百块钱一个月，便宜是便宜，但是住宿条件糟糕得很。没有厕所，上厕所要自带痰盂；没有厨房，炒个菜吃，还要去抢占公用厨房，更可怕的是，到了晚上，一大群老鼠就跑出来活动，那个时候一个人住，整夜整夜都睡不着，那才叫压力。生活不顺，就是最大的压力。

有了这样的信念，仿佛一切也都顺利了起来。老公是部队的干部，原来一直在北方，想尽一切办法都没法调动成功。夫妻两人异地分居，格外痛苦。但是突然有一天，就传来了好消息，申请终于被领导批准，这边也有了适合的接收单位。调动一点儿也不复杂，没有任何阻碍，事情顺利起来就是一顺百顺。

两个人在上海的生活，省吃俭用，一部分收入用来生活，很大一部分要用来还钱。但是他们很开心。心情舒畅，生活也并没有到紧张的程度。艳微姐问老板借的二十万块钱直接从工资中扣除，两年左右的时间全部还清，而接下来的就都是“净赚”的，而且赚得越来越多，那套原先其实只有一点点属于她的房子，一点点变成全部属于她的了。

她似乎并没有过每天加班的生活，没有熬夜赶时间，没有拼命白了头，她的生活看上去就是每一个普通人日常的生活，她的工作也朝九晚五，并不特殊。但是她在上海郊区的一套房子，并不是天上掉下来的，确确实实是她拼来的。

我想到了，有一种拼搏，其实是一种信念。这种信念简单到，你只需要“简单相信，傻傻坚持”就可以。你现在确实不具备拥有它的实力，但是你相信自己的潜力，你也能够看到未来自己的路，你就是这么相信。你可以提前拿到它，最终会真正拥有了。就如同先向银行贷款，去完成你的心愿，你相信你很快会还上的。

最厉害的角色往往最认真

有一种拼搏——

不是风风火火轰轰烈烈，捋起袖口往前冲，而仅仅只是一股认真劲，对每一个身边的普通人足够认真，对每一件微小的事情足够认真。有人说：认真你就输了，但真相是，最厉害的角色往往最认真。

我们都习惯称这个男人叫浩哥。

我在2010年的上海第一次见到浩哥，初次见面的印象还停留在我此刻脑海。一件纯白色的T恤，天蓝色的牛仔裤，牛津板鞋，一个板寸头，看上去如我一般的年轻人。但是，干净、利落，握手的刹那，触碰到他睿智的目光，并强烈感受到一种阳光的气息。

从办公室出来之后，人力资源总监告诉我，刚才那位就是这家公司的老板。我们刚入职的几位面面相觑，好像恍然大悟似地，有些不敢相信。因为在我们久远的印象中，所谓老板就应该是西装笔挺、头发油光程亮，大腹便便的样子嘛。然而并不是。

这是一个比我大不了几岁的80后男孩，却已然掌控着一家资产过亿的公司。我们几乎是同龄人，生活在同一片土地上。这个时候，他创立的公司已经是一个五周岁的“孩子”了，并且成功地实现了财务自由和人生自由，而我却刚本科毕业不久，好不容易进入这家公司，在上海这个如此高消费的城市，拼命来回奔波，为了每个月几千块的工资。

究竟是什么造成了我们之间如此巨大的差异？我的思绪会慢慢延伸，想到很多。就如同你，在偶尔迷茫的瞬间，是否也会感觉到命运的不公？是否也会思虑良久，却久久找不到出口？

我首先会想到家世背景。如果有一个“好爹”，老爹自己就是干企业的，那么作为儿子，子承父业也是理所当然的事情，有这么一家企业也就不足为奇。我可以拼搏，但我无法拼爹。因为爹在我有之前早早地就有了，我根本没有能力改变爹。但浩哥其实也没有“好爹”。他出生于安徽某个县城的一个偏远的小农村，父亲是普通的乡村教师，从小家庭生活并不宽裕。一路走来，只能依靠自己的打拼。

也许是他走了“狗屎运”吧。如果某一天成功一定要狠狠地砸到你头上来，你硬要逃是逃不开的。就像有句话说的：“站在风口上，猪都能够飞起来。”确实，在那个时候，他赶上了那个行业最好的发展时机。但是“狗屎运”也只能拉到一个爱拼搏的人身上。

浩哥是在2005年的时候开始创业的。那个时候，他还是一个在校读书的大学生，没有多少社会的经验，也没有多少的资金。但是头脑一冲动，向舅舅开口借了十万块钱就开始创业之路了。

刚开始那会儿只不是是一个小小的教育咨询工作室。但是他的认真劲是深深融入在了骨子里的，认真，不是说你要做一件多么大的事情是才认真；认真，是需要你在一件又一件很小的事情当中认真；认真，更需要的是你在一件小事当中的每一个细节中认真。毛主席说，世界上怕就最怕“认真”二字。认真，你就赢了。

一开始来培训的学生并不多，但是每一个他都是认真带好。认真当然还要讲究方法，浩哥说过他有一个初二学生成绩几乎在年级排名倒数，而且还特别有个性，不轻易交朋友。浩哥就会在深夜里琢磨这个孩子，琢磨他的喜好和脾气。顺利地把握住这个孩子喜欢打篮球的爱好，然后深入地跟他聊篮球，聊到痴迷，让孩子充分信任了他。之后的教学就成了非常轻松自然的事情了。到了初三中考的时候，这位年级倒数的学生居然考到了年级第三！惊讶了学生和家长，也感动了自己。因为自己心里其实最清

有一条路，没有人愿意走，因为要过日夜颠倒的日子，或者还可能更惨。但是你用力挺过一段时间，你发现，你已经换来另外一片天地了，你发现，你原来也抵达了最初渴望的目的地。

楚，每一个细节处理得有多么的认真，认真到感动了自己；这一切并没有任何可惊讶的理由，成功只不过水到渠成。

第二年，口碑变得非常好，培训人数不断呈现递增，原来的小小场地已经容不下那么多人。于是马上做决定在市中心的位置租下 1000 多平方米的场地。租下的是一个毛胚的空场地，于是装修的工作都落在了自己头上，从无到有，每一个环节都精心安排。这其中有一个细节值得一说，那就是最后装修好了自己，要开张营业。浩哥带领所有人，花了几个小时把地板擦得能反射出光芒为止。

为什么要这么认真对待这样一件小事？地板再亮也不能增强真正的核心业务水平，地板再亮也不能为公司多增添一点点业绩。再说了，擦地板这样的小事根本就没有必要亲力亲为。我就是这么想的。但是浩哥的思考完全相反，地板亮了，客户进来就感觉身心舒服了；地板亮了，客户就会觉得这家企业连地板都擦得如此亮堂，其他方面也一定不差；地板亮了，连带的好处还有你根本想象不到的。

浩哥就是对细节如此“抠门”，如此认真的一个人。当然，这之前的故事我不是在浩哥的演说中听到，就是在那些老同事的口中道听途说，并没有真正的见证。但是我觉得一个人的认真必定是有前后的连贯性的，他此后众多的言行，是完全吻合之前的所有言行的。

比如有一次，我把准备好的宣传设计稿拿给浩哥去看。我们已经经过了精心的设计讨论与修缮，认为已经做到了极致。拿给老板看，也只不过是需要他看一眼，点下头就可以了。但是他仔细看了一番之后，花了许多精力对尺寸和比例做了细微的调整。你会觉得这是无用功，因为这样细微的改变或许根本看不出什么差异来。但是他肯定有他的道理，细微之处才见品质，而且这种认真的工作作风很容易感染到身边的每一个人。

印象最深的是一次公司开全员大会。我加班到差不多十点多走了，走之前发现浩哥办公室的灯还亮着。后来听同事说，那个晚上浩哥熬到了深夜两点多。把每一个他的员工都在脑海中认认真真地想一遍，把每一句要表达的话，都准确地想清楚，他才睡得安心。其实，论浩哥的出口成章的口才，丝毫不准备都没有关系。但是他却一定要把想做的事情做到完美才舍得入睡。而老板的认真，是给员工最大的鼓励和希望。让你相信，这家公司是有前景的。

会议之后，公司内部BBS上出现了一篇《最厉害的人最认真》的文章，得到了很多人的认同，产生了很强大的凝聚力。

认真，是一种态度。努力记住每一个的名字，面对每一个人时都给他一个最灿烂的微笑，这些都是认真的人生态度。但认真不一定是外在的严肃和苛刻，认真更不是不苟言笑和古板呆滞。浩哥后来经常去大学给学生做演讲，有学生问他成功的秘诀时，他说了一个自己的公式："12×7×5=成功"。"每天工作12小时，每周工作7天，坚持5年。"他用简洁的语言道出了过往5年的经验，又有多少人知道这些日日夜夜背后的认真？

我在这家公司待了三年，和浩哥相处也三年，现在离开也快三年，但还时常关注他。知道浩哥去年又开始了新的第二次创业，做的是一家互联网公司。我几乎已经无从准确地了解他每一天的信息，但我相信他每一天一定都活得足够认真。

有的时候所谓拼搏，只不过需要你一种认真的态度。如果你对人对事足够认真，那么每一个跟你相处过的人，哪怕只是简单打过照面的人，都能给予你正面的评价。而越多的人给你正面的评价，意味着你更靠近你想要的成功。

男神女神们，都舍得对自己下狠手

有一种拼搏——

就是不要对自己太温柔，要舍得对自己下狠手。

在敌人身上下狠手容易，在自己身上下狠手很难。

你拿根鞭子往自己身上狠狠抽，你便能体会到该怎么做。

多少女孩曾信誓旦旦，整天嚷嚷着要减肥，但是当她一遇到美食的时候，口水就不自觉地流出来了，毫无愧疚感地告诉自己，先吃了再说，吃饱了才有力气减肥嘛。日复一日，年复一年。于是，年年岁岁喊减肥，岁岁年年没减成。随着岁月的流逝，体重不降反而不断地飙升，人还未到中年，却早已有了中年妇女的形象和气质，水桶腰，大象腿。别人看着难受，自己心中也默默“哀悼”。

多少男生曾经咬紧牙关，不停告诉自己要练出一个好体型，至少也得六块腹肌的样子。但是他办了健身卡之后，第一天去健身房了，第二天也去了，但是很快健身房里就再也找不到他的踪影。他发现健身看着好玩，要坚持下去也好辛苦啊，教练要求那么多，练了那么久一点都没有看出任何效果，所以咬咬牙也就放弃了，多年以后，仍然只是当初的那“一块腹肌”。大肚子，谢顶头，人见，人觉得丑。

人们都爱美，人们也都向往自己拥有好身材。但是真正拥有好身材的人并不多。好容貌可以天生拥有，好身材需要后天训练，三天打鱼两天撒网般地训练根本训练不出什么来。需要舍得对自己下狠手，就像使出拿皮鞭往自己身上狠狠抽的那股劲，才可以有马甲线，才可以有胸肌和腹肌。

我见过一个人，就是敢对自己动真格，下狠手的。在一次饭局上认识这个人，人们都称呼他伟哥，我也就顺其自然这么叫他了。伟哥个子不高，看上去略显消瘦，但是也许是那次聚餐有些兴奋，因一干人等的要求，他终于豪放地脱掉身上的衬衫，露出了六块腹肌，引来一阵尖叫声。随后他更是来了一个“绝活”，在包房里选择了一块空地，无需任何依靠地倒立起来，头顶落地，笔挺挺地倒立了好长时间。

伟哥自己经营着一家公司，不说日理万机，也至少难有空闲，比我们一般人都要忙得多。

但他是一个要么不做，一旦开始做就一定要做好的人。所以当他决定要练出一身好身材之后，无论锻炼还是饮食，都开始严格按照训练表进行。有的时候难免会有突发的事情要处理，与原定计划时间冲突，就回家自己把动作做完；有的时候难免会感觉到疲惫，但是绝不因此偷懒。

无论是男生还是女生，如果已经有了发福的身材，怪不得任何别人，也不要无谓地寻找各种借口，说自己忙，再忙我想我们很多人应该没有伟哥忙碌，说自己累，不累的那还能叫人生？

应该还是舍不得对自己下狠手，还是对自己过于善良，过于纵容。下狠手，便担心自己的肉体遭罪，心疼自己的心灵疲惫，于是一次又一次地放过自己，所以依旧还是站在原地的自己，没法给自己更好的回忆。

伟哥因接待客户常常有应酬，但是在饮食上照样也能严格控制自己。有些食物看着确实诱人，但是因为高热量，毫无顾忌地去吃，那只会让之前所有的付出付之东流。只要你不动筷子，不去夹，没有人逼你吃下去。他严格按着教练的饮食要求来吃饭选菜。伟哥因常年出差作息时间不规律，但是只要教练要求的，哪怕当时没有条件，也会创造条件去完成。哪怕忙到了深夜到了凌晨，也不会忘记。

坚持是个很难的过程，尤其是健过身的朋友知道，健身不仅见效缓慢，而且还容易反弹，只要一段时间不练，原先有的一点点成效，也会很快消失，并且还会“一夜回到解放前”，变成原先的恐怖模样。伟哥一直保持这样的状态，没有很多个日子的持续坚持根本不行。

这真的是一个太狠的男人。一个敢于对自己下狠手的男人。所以他有了六块腹肌，所以他能随时倒立，所以他可以做一百个俯卧撑不喘气，所以他的身上也更加散发出了魅力。

还是对自己下不了狠手，明明到了该健身的时间，可是最近有热播的电视剧，得追着看完，不看完就好像失去了什么似的；明明告诉自己不要再吃垃圾食品了，可是薯片、巧克力、蛋糕……这些诱惑摆在你面前的时候，你怎么忍心拒绝？躺在沙发上，一边捧着薯片吃，一边看着热播剧，熬到个半夜三更睡觉，这个滋味当然爽，只不过过了几天称称体重，发现自己又胖了几斤。

还是对自己下不了狠手，明明到了该健身的时间，可是今晚朋友有聚会，当然不能不去。一大桌的鸡鸭鱼肉山珍海味，怎么能做得到不吃？朋友举杯邀你饮酒，难得相聚尽兴，怎么可以不喝？酒过三巡，朋友相邀去唱个歌，你又怎么做得到拒绝？等你回到家之后，已经晕晕乎乎的了，只想着躺到床上呼呼大睡一觉。这个又有吃又有喝又有玩的夜晚，真是一个美妙的夜晚。只不过你的体重又飙升了。

还是对自己下不了狠手，明明到了该健身的时间，想想自己都那么几天没去了，再去也是徒劳，干吗对自己这么辛苦啊，广告里不是一直在宣传有什么特效药吗？花点钱不就够定的事情，干吗要这么费力？于是，就干吗死了心，断了念，再也不提起健身。

说好的减肥呢？说好的健身呢？说好的体型呢？都早已经抛到烟霄云外去了吧。面对山珍海味的诱惑，面对声色犬马的诱惑，很多人都是没有了抵抗力。缺乏抵抗力，其实就是对自己太好了。舍不得对自己下狠手。

这个世界上被我们追捧着的男神、女神们，不是所有人生来就是男神、女神的。有好多都经历了从“丑小鸭”到“白天鹅”的蜕变。这样的例子有很多：

毕业不久的詹姆士，因为工作而习惯性晚睡、饮食不正常、喝酒及长期缺乏运动让他的体重直线上涨，直到某一次被检查出自己在患上糖尿病的边缘，了解到身体健康的重要性因而开始运动，刚开始他连慢跑都觉得很吃力，胸闷、喘不过气及肌肉酸痛让他感到备受折磨，通过专业教练及持续的运动，让原本破百的体重变成后来的精实身材，成为很多人心中的男神。

安庆师范学院美术学院的学生夏艳被奉为“胖妞女神”，当年将近200斤的夏艳，痛下决心开始减肥。3年里，没喝过碳酸饮料，渴的时候只喝白开水和少量的酸奶；每天至少坚持两个半小时的运动量，最终从190斤到100斤，减肥逆袭变大美人，让大家连连称赞，更让人感到惊艳。

所以如果你也想让自己变成男神或者女神，也并非没有可能。哪怕现在的你真的很丑很胖，也一样有可以成功逆袭的时候。只不过你需要拼搏。这种拼搏，就不要对自己太温柔，要舍得对自己下狠手。在敌人身上下狠手容易，在自己身上下狠手很难。你拿根鞭子往自己身上狠狠抽，你便能体会到该怎么做。

交代的事情不拖延、马上就办

有一种拼搏——

就是做事情，不拖延、马上办。上级一旦交代了一项重要任务，集中精力将它做好，提前做完，就会留有更多的时间来完善，会让自己感觉到轻松愉快，也会给上级留下好印象。机会，总是在一个又一个的好印象之后顺利到来。

我们学校中文系当时有一个特色课程叫作“五二五工程”。在学期间，要求学生阅读 50 本专业经典并做读书笔记，背诵理解 200 篇诗文，动手撰写 50 篇文章。专业培养目标是“笔杆子”和“嘴茬子”，的确，很多同学通过四年训练都成了“能说会写”的高手。

据说，政府部门特别需要又能说又会写的人才，尤其是写作能力强的人会成为炙手可热的人物。事实上，每一年公务员招考中，很多岗位都需要汉语言文学专业的人，而我们专业毕业的很多人也将公务员当作了人生首选。

有一年，我们回系里参加周年庆。有点名气有点成绩的人会被要求上台讲话分享，我们专业第一届的毕业生范瑞宾名列其中。还在学校的时候就听闻过这个人的名字，颇有才华，做事低调，老师们几乎人人夸赞。周年庆时他才三十出头，却已经当上了市委办公室的副秘书长，在政府部门干得如鱼得水。

在分享成功经验的时候，他讲了最重要的一点就是：交代的事情马上办。

范瑞宾在校期间就写得一手好文章，大四那年，作为在校生出版了第一本校园小说，一度引起轰动，深得中文系老师喜爱；进了机关单位之后，能够很快摸透公文材料的写作套路，写起材料来也是得心应手，颇得领导赏识。有领导抬爱，在机关里的日子自然过得也非常滋润。几年下来，顺风顺水，能有的好处，领导自然也会为他考虑，能解决的难处，自然也尽力帮他解决。

我们一直以为，瑞宾兄是因为文章写得好，才被调任到市委办去的，之后又被提拔的。但是他说，其实进了机关单位，文字能力当然非常重要，但是公文写作不像文学创作，一般经过一段时间的训练之后，多看看文件，领悟能力强一点，也都很快能够把握了。尤其是市府办这样的地方，里面都是写作高手，凭什么提拔你？

那个时候提副秘书长的时候，其实还有另外一个考察人选，两者之间最终选择了他，领导没有明说，但瑞宾兄认为绝对不是文字能力。要论文字能力，那位硕士研究生毕业的秘书，绝对在他之上，但是比起做事的效率来，人家就要差他很远。

他对我们说，很多人做事情，其实都有拖延的毛病。领导今天把这个任务交给你了，你就把任务往边上一放，一放或许就是好几天，等到快要交差的时候再想起来时，这个时候可能就只能马马虎虎敷衍了事，质量当然不行了。尤其是在机关了待了几年的人，往往就会有这样的毛病。

其实，这样的“老油条”又何止在机关单位有？任何行业任何公司都有这样的人存在。把事情一拖再拖，直到不得不做为止。而这就是一种拖延症的行为，如果我们扪心自问，我们会发现，我们总是会把计划要做的事情不断往后推迟，总是在自我谴责和折磨中度过，不能把事情做到最好，当然也给别人留了个坏的印象。

有一年要给单位写年终总结汇报材料，领导急急忙忙地跑进来说，小范，今年的年终总结要写了，抓紧点。领导停了一会儿又补充说，给你两天时间吧，后天下班前拿给我。原本两天的时间，对瑞宾兄来说就足够宽裕了，完全可以慢慢来。

但是他从领导急匆匆的脚步推断，这事恐怕紧急，只是不好意思让他加班。他当下就放下了手头所有其他的事情，集中全部精力就为这一报告。下班前已经把材料都整理浏览完毕，有了基本的框架和思路。

去食堂匆忙吃了个饭，继续回到办公室加班。领导走的时候对他说，小范，不要太拼，差不多早点回去休息。他嗯了一声，就一头埋进文字堆里，忙到了深夜十一点，等到全文初稿完成才起身回住所。第二天一早，比往常早了一个小时到了办公室，又是一顿修改润色，感觉基本成型之后，就给领导办公室送去了。

领导看着眼前的总结报告，着实有些“惊吓”。细看行文，工作要点分明，内容数据详实，一篇难得的好报告，绝非某些人胡乱拼凑的东西。而且这办事神速，还从来没有见过，心中自然暗喜。

由于总是加班加点，就有人会在背后指指点点议论纷纷，有人说他，就是装模作样，装出一副很认真的样子，其实谁知道在做什么呢。也有人说他，是个马屁精，最会拍领导马屁。他都一笑了之，心中却想：如果这都算拍马屁，那我倒是要“一拍到底”呢。

范瑞宾跟我们讲了一个他另外的故事，有一回他跟随领导外出调研，四天要跑三座城市，在车上就花去好几十个小时。别人看着还以为出去是游山玩水旅游呢，其实他自己心里最清楚，一路奔波并不轻松。要开会听报告，要走访企业，要查阅资料，而且更关键的是，回来还得写一份调查报告。这报告不是他写，难不成还是由他领导来写？

本来这个报告可以缓两天再写，没那么急。但是范瑞宾回来稍做整理，一篇调查报告就顺利“出炉”了。原来他去之前就做了大量准备，这一路上，他随手在笔记本里记下各种数据材料，并逐步构思全文，回来之后稍作“拼接”，“好文”便立刻“诞生”。换成另外一个人，或许还得登上好几天，都“造”不出来呢。

瑞宾师兄以他自身切实经历做的这番分享，当时给了我们很深的触动。原来，交代的事情马上去办，也可以成为一种成功的方法，作为一种拼搏的路径。在人生路中，或者在职场上，能力其实包涵了诸多要素，办事效率高也是能力的一种，也能帮助你通向坦途，实现目标。

有事交代，马上办成。这其实并不简单。你要足够专注，当事情交代过来之时，你需要将旁的琐事放一边，必须心无旁骛才能干好，内心凌乱的人是无法做好的；你还需要足够强大的内心，也许那些做不到的人会嘲讽你“阿谀奉承，拍马屁”，你得过滤那些别有用心的话语，认清自己做的事情的意义；当然，你必须勤奋，你以为没有人要求的前提下，加班到很晚是件很容易的事吗？

有一种拼搏，就是做事情，不拖延、马上办。上级一旦交代了一项重要任务，就把那些杂乱无章的私事先往边上放一放，集中精力将这件事情做好，哪怕是加班加点，牺牲自己业余的休息时间。提前把事情做完，就会留有更多的时间来完善，会让自己感觉到轻松愉快，也会给上级留下好印象。机会，总是在一个又一个的好印象之后顺利到来。

对于平时没有养成习惯的人，一开始或许会感觉很痛苦，还真有一种外人看上去很拼的感觉。但对于已经养成好习惯的人来说，或许很简单。只不过是遵从内心，按部就班。如此说来，拼搏也是一件容易事，当你养成了一种“马上办”的好习惯时，所谓拼搏，只不过是你的日常生活。

你吃多少苦，不需要告诉别人

有一种拼搏——

你以为需要有足够的能力，但是真正有极强能力的人少之又少。光鲜背后，尽是苦难。你要舍得吃苦，舍得让自己的身心“遭罪”。让自己苦一阵吧，不要让别人看见，也不需要告诉别人，默默地咽进肚里。能力在吃苦中变强，胜利会在拼搏中到来。

龙文原来跟我是同事，但我们那会儿共事并没有多久，好像不到半年，就听说他离职了，去了哪里也并不所知，只知道离开了上海。我们原先同事的时候，并无多少的交情，只是知道他的名字与上海某家培训学校的名字一样，我们总是会拿这个来说笑。

不过我对这位同事倒是颇有深刻印象的。主要原因就是在人人都在谈论颜值的世界里，如果说我的存在拉低了我们公司颜值平均水平的话，那么龙文简直就是没有颜值可言，具体怎样的长相，恕我无力描述，你们可以自行脑补。反正就是走在大街上，你能一眼就把他分辨出来，但绝不是美的那种。

龙文毕业于安徽师范大学，土生土长地道农民世家出生。当时在进单位的时候，是一个非常普通的物理老师，我还专门去听过他的课，讲得不算差，但真的也谈不上好，论个人能力，非常一般，跟我不相上下吧。

我们偶尔还有一些联系，会聊聊各自的境况。他会在电话里告诉我，自己在一个小城市里自己做点小事情，勉强维持维持生活，生活不容易啊。语气略带自嘲。就这样“不堪”的一类人物，日子能够混个温饱也的确是够艰难的。

直到某一天，这小子兴奋地给我打来电话，告诉我说：“兄弟，我要结婚了，记得来喝喜酒。”我才通过其他的朋友，知道了点他的真实情况。原来，这位仁兄通过两年多时间的奋斗，已经在省会城市买了一套近两百平米的房子，也买了一辆开得出去的车子。让我更为感动的是，他还替弟弟凑了首付，在同一小区购了一套房。

这一切其实我挺难以置信的。因为第一，这一切完全是依靠他个人的努力，不凭借任何其他的力量，说实话也没有任何人能够靠得上；第二，在两年前，他还跟我一样是一种在大城市打工的穷屌丝，如此短的时间，不是靠买彩票中大奖怎么能够做得到呢？第三，我根本从来没听他亲自提过啊，这家伙也实在是太低调太能隐藏了。

但是我心里非常清楚，这一切的果实并不是从天而降，而是他奋力拼来的。其实很早之前，我就隐隐感觉到他身上有一种成功的特质，那就是质朴和能吃苦。他这两年多背后吃的苦，他根本没有打算告诉任何人，也觉得没有必要跟任何人说。

我说，我要去你那儿看看，学习学习经验。他说，欢迎欢迎，欢迎过来给我指导指导。我当周周末就不客气地过去“指导”了。在安徽的一座小城市里，我终于找到了他的“小窝”。他说的没错，在一座小城市里自己做一点小事情。他做的是补习班，但不知道的人还以为他做的是传销。

他花 1000 多块钱租的小区毛坯房，实在是昏暗无比，阴森恐怖。这个房子不仅是一百多个学生来学习的场所，他和他老娘的吃喝拉撒还全部都在这个房子里。龙文在我印象中一直是个对自己非常节俭的人，我去的那天稍微改善了下伙食，因为那晚餐桌上有一碗烤鸭。我们边吃饭边聊。

他说，那年夏天，我辞了职，跟所有人不告而别，其实是来这里开培训班的。当时是一个朋友把我叫过来，要不然这个城市我一个人都不认得，肯定是万万不会来的。但是不幸的是，我一来，我那朋友管自己走了，把我一个人撂在这儿。没办法，既然来了，只能扛住，至少把这个暑假挺过去。第一年暑假赚到的钱都分给了来帮忙的同学。结束的时候，口袋里只剩下八百块……

我听他讲着这些的时候，似乎能够想象出，他当时的那番景象。一个人，孤单地来到一个举目无亲的城市，带着一丝丝的梦想而来，却不得不在失落与彷徨中启程。这其中的滋味，我怕是万万品尝不出，也体味不了的。

他心里很清楚，也很坚定，就是心无旁骛地做好一件事情，那就是教好自己的物理课。他几乎把自己所有的时间和精力都用在备课与上课上。学生们超爱上他的物理课，觉得有趣极了，原本爱打瞌睡的同学都是像打了鸡血似的听完他整堂课的，我实在无法想象他究竟是用了什么绝招。

家长们也都极其信任他。信任他的原因一是因为他极其无颜值的外表和极其质朴的内心，本身让人很放心；二是他在孩子放学前的那段时间，没事就爱去学校门口晃荡，几乎跟家长们都打过照面，混了脸熟；当然最重要的其实是第三点，那就是真的出成绩。教学有效果，那才是真的牛逼。据统计，全年级物理排名前十名里面有六个是龙文老师的学生。

这事儿还了得。家长之间的互相介绍，口碑相传就像病毒传播一样迅速。第二年暑假的时候，龙文物理班的学生已经爆满了，很多家长是求爷爷告奶奶似地要求插班进来的。整个暑假下来，龙文几乎是每周七天连轴转，几乎没有休息的间隙。没有机会给你休息啊。但是这个暑假下来，抛去必要的开支，发现居然盈利有将近三十万。

如果一个人年薪不错有十万，那也得花上三年时间才够挣上三十万。当龙文用了不到两个月的时间，就进账三十万的时候，我想你也许是羡慕的，甚至可能会有些嫉妒。而你这样想的原因，仅仅是因为你看到了他的果实，却没有见过他的煎熬。

这两个月的时间里，他吃过的苦，都足够让他蜕一层皮，他明显变得瘦多了，也变得比以往更加苍老。而在这两个月之前更多的时间里，他都是独自坚持与独自忍耐，那样的日子，你或许一天都过不了。

那天晚上，我碰到一位学生家长来接自己的孩子。就跟他简单地聊了几句。家长说到，龙文老师的课实在是排得太满了，很多时间段都排不进去。我家孩子又特别喜欢。所以有两次课，分别是安排在早上的5:00—7:00，晚上的10:00-12:00。我问，那你孩子没意见啊？他回答说，孩子兴奋得不得了，觉得龙文老师一对一上太棒了。我听后，心里在骂娘，龙文这是给学生吃了什么药？要是换成我，孩子愿意我都坚决不会愿意的。龙文真是什么苦都能吃。

当然还有其他的事情。比如在最初阶段，要发宣传单页，就一个人背着包一个小区一个小区连发一个晚上；没有执照，教育局来查的时候还要巧妙应付……

但不管怎样，龙文还是幸运的。他是吃了很多别人不能吃的苦，但也得到了应有的回报。在他 30 岁的年纪尚，该有的似乎都有了。而很多人吃过的苦人或正在吃着苦的人，离回报还遥遥无期。但不管怎样，能力在吃苦中变强，胜利会在拼搏中到来。

最近听说，龙文扩大了规模，又新开了教学分点，事业一点点做大了，还叫了几个以前的同事一起过去帮忙。也许还会遇到新的问题和困难，但是有这样一种吃苦的精神，没有过不去的坎。

破除心中障碍，赢得完美人生

有一种拼搏——

它必然很难。就像一场马拉松赛跑，有的人四肢健全，有的人却缺腿少脚，还在起跑线上的时候，他们就有了差距。缺腿少脚的那个人，怎么才能跑得四肢健全的对手？身体的障碍并不沉重，心中的障碍才是负担。破除心中障碍，才能赢得完美人生。

尼克·胡哲出生于1982年的澳大利亚，上帝仿佛对他格外不公平，让他天生就没有四肢，但他却勇于面对身体的残障，创造了生命的奇迹。尼克的脸上永远是自信的微笑，他的眼睛闪烁着动人的神采，他的足迹遍布全球，他用自己的故事告诉大家：再大的困境都能超越。

我们大概在电视上看到过尼克，对他的事迹并不陌生。这个天生残疾的人，活得比正常人还要自信、乐观和努力。在我们现实生活中，很多身体健康的普通人往往会找出各种各样的问题，抱怨自己这样那样的不如意，搞得好像自己倒是个“病人”一般不正常，但是有另外一些人，他们虽然身体上有这样或者那样的残疾，但是这种残疾似乎只有别人才能看得见一样，而他们自己却自动忽略了或者屏蔽了，他们完全像正常人一样在工作和生活。

有一种拼搏，是对于那些身体有残缺的人而言的。他们因为先天有着种种缺陷，就意味要克服更多的困难，才可以与我们享受到同样的美好。而他们自己忘却掉身体的障碍，努力活得像普通人一样，这本身就算是一种拼搏。

四周现代化的高楼大厦林立，在高楼之间有一片低矮的平房。这些房子因为年久失修，显得破烂不堪，当然也因为建造年代久远，有历史文化价值，所以市政府一直将它们保留至今。这是我家乡城市的一景。有段时间，我时常会穿过这里，去高楼的另一端。在这里，我经常会碰到两个人，给我留下了极其深刻的印象。

这两个人一个在弄堂口摆了一个香烟铺，另外一个在石桥旁摆了个修车摊。他们俩是夫妻，我不曾想过有一天会把他们写进自己的书里，他们俩的姓名，我也就无从知道了。只记得当时有人叫男的王师傅，叫女的红姐，我也姑且这么称呼他们吧。

红姐一眼看上去就和正常人不一样，虽然当时已经是将近四十的年纪，但是身高还不到一米，一张历经沧桑的脸加一个娃娃般的身高，是多么不协调。而她的丈夫黄师傅年纪要更大，估计有五十上下了，他的不同之处走起路更加明显，因为他两只脚都受过严重的伤，都无法正常走路了。

据说红姐有个亲哥哥，家里做点小生意，还算挺有钱的。想要帮助救济他们，每个月给他们一定数额的生活费，但是被两夫妻给拒绝了。夫妻俩的想法很一致，自己虽然身体上跟别人有所不同，但还都算是有手有脚，靠自己的劳动来获得应有的报酬，完全可以自给自足，自力更生。后来，有人看他们可怜，想要捐钱捐物的，都统统被他们拒绝了。也许他们这样做的意义不仅在于维护自己的尊严，还在于给他们唯一的儿子树立榜样。

他们的儿子倒是很健康，很懂事，也很优秀。街坊邻居说起他的儿子来，几乎各个都竖起大拇指，没有一个不夸赞的。儿子是他们的骄傲，也是他们的动力。夫妻俩想起儿子来，露出的笑容便格外灿烂动人了。

红姐虽然不幸患有了先天的侏儒症，行动起来比别人更不方便，但是她自己好像根本不在意，仿佛从来没有这么一回事。每天天未亮，就将香烟摊摆出来，每天天黑了，发现她还坐在香烟摊的旁边，那个小小的香烟摊就像他生命的全部希望一样，她要靠着它为整个家庭贡献力量。按她自己的话说，虽然你们看我身体残疾，但我自己倒并没有觉得。跟你们所有人都一样啊。而且我还要比你们都还要做得好哩。

黄师傅腿瘸了。后天的车祸，给人造成的身体伤害和心理创伤，我们都能想象。但是我们看见黄师傅这个人，好像整天都笑嘻嘻，乐呵呵，比正常人还要乐观和快乐。他靠着这个小小的修车摊维持家庭的生计。

人们也并不是特别可怜他们，关照他们，只不是好像总是不自觉地喜欢到他们那边去，跟红姐说句话，跟黄师傅聊聊天。有一次，我的自行车链条锁坏了，附近就有一个修车铺，但是我却多花了二十分钟的时间，推到黄师傅那边让他修，让他修，心里特别放心。有很多像我这样的人。如此一来，他们的生意其实比别人要更好。

他们觉得自己是正常人，因为得不得侏儒症与卖香烟完全没有关系，是不是腿瘸与修自行车也完全不相关。那些影响他们生活的障碍，其实只要自己不在乎，当作不存在，就真是好像没有一样。他们的工作不受影响，他们的生活也并未受影响。

很多时候，影响我们的正是我们的心态，当我们身上有一些障碍的时候，就难免在心里把它无限放大，这样一来，自然就觉得生活不如意，觉得自己命苦，自怨自艾起来。生活是不会善待一个抱怨它的人，只会垂爱一个乐观向上的生命。

我想到有很多的残障人士，他们都在各自的领域里创造出了特别的价值。一个双腿瘫痪的作家，依然可以用他手中的笔书写出这个美丽的世界，给人们带来巨大的精神财富；一个失去手臂的舞者，依然可以为我们展示出她曼妙的舞姿，给我们带来盛大的视觉体验。一个全身瘫痪，不能说话的科学家，提出了黑洞蒸发现象和无边界的霍金宇宙模型，在统一 20 世纪物理学的两大基础理论方面走出了重要一步……他们完全忽略了身上的缺陷，把自己当成正常人，正常地呼吸空气，正常地拥抱世界。

其实这个世界上，有很多人都会存在着这样或那样的障碍，有些人是身体上的，有些人是内心里的。有些人展露在外，人人都看得到；有些人深藏在内，只有自己才能体会。无论怎样，一个毫无缺陷和障碍的人几乎是不存在的。关键是你怎么看待你自己。你把它当作了包袱，它就真的成了你前进路上的阻力；但是你忽视它，它反而会成为你前行的动力。

有一种拼搏，它必然很难。就像一场马拉松赛跑，有的人四肢健全，有的人却缺腿少脚，还在起跑线上的时候，他们就有了差距。缺腿少脚的那个人，怎么才能跑得四肢健全的对手？身体的障碍并不沉重，心中的障碍才是负担。破除心中障碍，才能赢得完美人生。

所以，千万不要把自己想得可怜兮兮，千万不要独自哀伤、暗自伤神。哪怕你身上有再大的障碍，有再多的缺陷，你至少还好好地活着，还有很多爱你的人。要把自己当作正常人一样，忘却身上的障碍，让自己像正常人一样呼吸空气，像正常人一样工作和生活，世界也会像对待一个人正常人一样对待你。